Wilhelm Schaffrath

Grundkurs UNIX/Linux

Wilhelm Schaffrath

Grundkurs UNIX/Linux

Das neuartige Medienbuch: Lehrbuch und interaktive Software in Einem

Bibliografische Information Der Deutschen Bibliothek
Die Deutsche Bibliothek verzeichnet diese Publikation in der Deutschen Nationalbibliografie; detaillierte bibliografische Daten sind im Internet über <http://dnb.ddb.de> abrufbar.

Bei den Print-Teilen des Buches handelt es sich um eine überarbeitete und aktualisierte Fassung von Brecht, Einführung in Unix, ISBN 3-528-25329-0. Autor und Verlag danken Prof. Brecht für die Bereitschaft, diese Teile für das vorliegende Kombiprodukt aus Lehrbuch und Lernsoftware bereitzustellen.

Der interaktive Kurs auf CD-ROM wurde auf Macromedia Studio MX entwickelt.

1. Auflage Januar 2003

Der Vieweg Verlag ist ein Unternehmen der Fachverlagsgruppe BertelsmannSpringer.
www.vieweg-it.de

Umschlaggestaltung: Ulrike Weigel, www.CorporateDesignGroup.de
Gedruckt auf säurefreiem und chlorfrei gebleichtem Papier.
Additional material to this book can be downloaded from http://extra.springer.com.

ISBN 978-3-528-05817-3 ISBN 978-3-322-99180-5 (eBook)
DOI 10.1007/978-3-322-99180-5

Vorwort

Das Medienbuch „**Grundkurs UNIX / Linux** **[interaktiv]**" demonstriert eine innovative Art des Lernens. Es ist die gelungene Symbiose aus Buch und interaktivem Lermodul auf CD-ROM für den Einsatz am Personal- Computer oder an der Workstation.

Dieses interaktive Lernmodul richtet sich besonders an Einsteiger und betrachtet UNIX / Linux von der Seite des Anwenders aus. So wird der Lernende ein breites Allgemeinwissen erlangen, das ihm bei der weiteren Beschäftigung mit UNIX / Linux helfen wird.

Die CD-ROM "UNIX / Linux [interaktiv] " benutzt die besonderen Fähigkeiten des Mediums Computer, um Wissen zu vermitteln. Dabei wird bewusst auf lange Textpassagen im Kurs verzichtet. Audiovisuelle Lektionen im Wechsel mit zu beantwortenden Zwischenfragen führen den Lernenden durch den Kurs. Am Ende jeder Lektion wird ihm Gelegenheit gegeben, sich selbst mittels einer interaktiven Übung zu kontrollieren.

UNIX / Linux ist in der heutigen Zeit ein Standardbetriebssystem, das neben den von Microsoft vertriebenen Windows-Betriebssystemen wie Windows NT, Windows Professional, und Windows XP mittlerweile einen hohen Marktanteil gewonnen hat.

Die Verbreitung von UNIX ist nicht zuletzt der Low-Cost-Variante Linux zu verdanken. Mit Linux steht ein stabiles, technisch modernes und sehr kostengünstiges UNIX-System zur Verfügung. Es verwundert daher nicht, dass es auf Personal-Computern, auf Workstations und als Netzwerk-Serversystem, häufig auch als World-Wide-Web-Server im Internet eingesetzt wird. Zur praktischen Unterstützung dieser ganz unterschiedlichen Anwendungen ist eine eigene Support-Industrie entstanden.

Mit einem Betriebssystem waren noch vor einigen Jahren überwiegend Systemverwalter befasst. Die Entwicklung der Informations- und Kommunikationstechnik hat die klassischen Systemverwalter jedoch zu Netzwerkverwaltern gemacht und überlässt häufig die Verwaltung der Einzelsysteme den Anwendern. Dazu kommt, dass viele Anwendungen wie

Textsysteme, Tabellenkalkulationen, Datenbanksysteme und Internet-Dienste ohne Kenntnis der elementaren Betriebssystemfunktionen nicht effizient einsetzbar sind.

An dieser Stelle setzt nun das Medienbuch an und vermittelt die für ein erfolgreiches Arbeiten erforderlichen Grundfunktionen. Diese sind einerseits als Texte in Buchform vorhanden und werden durch den multimedialen und interaktiven Lehrgang auf dem Rechner verdeutlicht. Diese kombinierte Publikation als „Medienbuch“ mit dem Titel:

„**Grundkurs UNIX / Linux** [interaktiv]“

wurde vor zwei Jahren von mir geplant, entwickelt, getestet und evaluiert. Diese Arbeitsweise führte zu einem solch schnellen Lernerfolg, dass ich mich entschlossen habe, dieses Medienbuch zu publizieren.

An dieser Stelle möchte ich den Professoren Prof. Dr.-Ing. Heinrich Bücker und Prof. Dr.-Ing. Dieter Leckschat (Lehr- und Forschungsgebiet Tonstudiotechnik) sowie der Fachhochschule Düsseldorf, University of Applied Sciences, danken, die mir die nötige Unterstützung gewährten.

Ebenfalls gilt ein ganz besonderer Dank an Prof. Dr. Werner Brecht (Lehr- und Forschungsgebiet Betriebssysteme und-Systemprogrammierung, Fachhochschule Berlin, University of Applied Sciences), der mir die Texte seines Buches „Einführung in UNIX“ überlassen hat, das jahrelang vom Vieweg Verlag erfolgreich verlegt wurde.

Natürlich haben viele Menschen an diesem interaktiven Lehrgang mitgearbeitet, ihnen gilt ebenfalls meine besondere Anerkennung und Dank. Das Projekt-Team wird auf der CD-ROM einzeln mit Namen, Bild und kurzem Text vorgestellt.

Informationen über die Entwicklung des zugrundeliegenden Computer Based Training sowie Fragen oder Anregungen können Sie abrufen unter:

www.unix-linux-interaktiv.de

Viel Spaß, Erfolg und Motivation beim Lernen und Üben wünscht

Wilhelm Schaffrath

[Düsseldorf, im September 2002]

Inhaltsverzeichnis

Technische Vorbemerkungen

Die beiliegende CD-ROM **UNIX | LINUX [interaktiv]** ist für den Einsatz mit einem Personal-Computer, bzw. einer Workstation gedacht.
Der Kurs kann entweder von CD-ROM gestartet werden oder man installiert die CD-ROM auf Festplatte (z.B. mit Windows-Explorer) und startet den Kurs von der Stelle des Dateisystems, wohin kopiert wurde.
Die ausführbare Datei für den jeweiligen Internet-Browser hat den Namen **unix.htm** und befindet sich im Verzeichnis bzw. Ordner *Kurs*.

a. Minimale Hardwarevoraussetzungen:
Rechner mit 200MHz CPU, Grafikkarte (SVGA) mit 256 Farben und Bildschirmauflösung von 640*480 Bildpunkten, CD-ROM-Laufwerk (4fach Geschwindigkeit), Soundkarte bzw. Audioausgang

b. Software-Voraussetzungen
Es werden alle üblichen Rechnerplattformen mit ihren Betriebssystemen unterstützt.
Weitere Softwarevoraussetzung ist die Installation eines für den jeweiligen Internet-Browser geeigneten Flash-Plugins (ab Version 4.0 aufwärts) der Firma Macromedia. Diese Software kann man kostenlos bei www.macromedia.com auf seinen Rechner herunterladen.

Betriebssysteme

Microsoft Windows Plattform	MAC-OS Plattform	Linux-Derivate Plattform	UNIX-Derivate Plattform

Browser

Internet Explorer ab Version 4.0	Netscape ab Version 4.0	Mozilla

Software und Browsereinstellungen

Flash Player ab Version 4.0 installiert	Shockwave Plugin installiert	JavaScript aktiv	Cookies aktiv
www.macromedia.com	www.macromedia.com	www.sun.com www.microsoft.com	

Startmethode

Der Kurs kann entweder von CD-ROM gestartet werden oder man kopiert das Verzeichnis "Kurs" auf die Festplatte. Die ausführbare Datei für den jeweiligen Browser hat den Namen **unix.htm** und befindet sich im Verzeichnis *kurs*.

Tipps und Fehlerbeseitigung

Sollten zu Beginn des Kurses Fehlermeldungen erscheinen oder der Kurs startet nicht, so ist es ratsam, zunächst zu untersuchen, ob die jeweiligen Browsereinstellungen richtig eingestellt bzw. die notwendigen Software-Plugins installiert sind. Die jeweiligen Plugins für Ihre Plattform können Sie kostenlos aus dem Internet herunterladen.

Audio

Da der Kurs multimedial aufbereitet ist, sollte zum Abspielen von Audio eine Soundkarte installiert sein, oder die Workstation einen Audioausgang besitzen. Aber auch ohne diese Voraussetzung ist der Kurs zu benutzen, da alle Texte in einem Textfenster gezeigt werden können.

Hardware

Die Rechnerplattform ist beliebig. Um die multimedialen Anteile in einer vernünftigen Geschwindigkeit abspielen zu können, ist eine CPU mit mehr als 200MHz sinnvoll.

Grundstruktur des interaktiven Trainings

Die beiliegende CD-ROM **UNIX | LINUX [interaktiv]** hat folgende Inhalte als Grundstruktur:

- **Überblick** (mit folgenden Teillektionen):
  - Unix ein Betriebssystem
  - Entwicklung und Geschichte (UNIX | Linux)
  - Philosophie
  - Einführung in die Shell

- **Grundlagen** (mit folgenden Teillektionen):
  - Der Account
  - Kommunikation
  - Aufbau von UNIX-Befehlen
  - Prozesssteuerung

- **Dateisystem** (mit folgenden Teillektionen):
  - Struktur des Dateissystems
  - Verzeichnisoperationen
  - Dateioperationen
  - Netzwerkoperationen

- **Sonstiges** (mit folgenden Teillektionen):
  - Shellvariablen
  - Shellscripte

- Der Editor vi
- Der Superuser

- **Glossar** (mit folgenden Teilen):

  - A-Z

Weitere Einzelheiten

Bei Anklicken (mit der Maus) des „%"-Zeichen vor den Teillektionen wird der Lernende direkt zu den Übungen und Abfragen des jeweiligen Kapitels geführt.

Der Lernende kann sich den Stoff selbstständig interaktiv erarbeiten. Die Stoffauswahl ist flexibel gestaltet, ebenso die Anzahl der Wiederholungen. Durch die Zwischenfragen und aktiven Übungen wird der Lernerfolg kontrolliert. Das Lernen kann durch *MARKER* an individuelle Anforderungen angepasst werden. Der *MARKER* reagiert wie ein Lesezeichen und kann den Lernenden auch bei individuellen Lernpausen unterstützen. Durch das Setzen der jeweiligen *MARKER* in den Teillektionen und Abruf dieser *MARKER* genau an die Position des Kurses gebracht wird, an dem er aufgehört hat oder den er wiederholen will. Dies führt dazu, dass das Lerntempo selbst bestimmt werden kann. Die multimedial aufbereiteten Animationen und die dazu gesprochenen Texte verdeutlichen den komplizierten Stoff und bringen die für den schnellen Lernerfolg wichtige Motivation mit sich.

Der gesprochene Text kann zusätzlich auf dem Bildschirm durch Drücken des Buttons *TEXT* in einem eigenen Fenster angezeigt werden.

Mit dem Button *System* kann die Hilfe ein- und ausgeschaltet werden.

1 Systemcharakteristika

1.1 Historie

Frühe Versionen

Bücher über UNIX beginnen häufig mit historischen Betrachtungen, auch dieses Buch macht hierbei keine Ausnahme. Damit wird versucht, Besonderheiten und den Erfolg des UNIX-Systems aus seiner Entwicklung heraus plausibel zu machen.

Abb. 1a Ken Thompson

Diese Entwicklung begann 1968 in den Laboratorien der Firma Bell, einer Tochtergesellschaft des AT&T-Konzerns. Ziel war die Erstellung eines Betriebssystems für eine Anlage PDP7 (später eine PDP11) der Firma DEC.

UNIX war in wesentlichen Zügen eine Arbeit von Ken Thompson.

Zu den Mitarbeitern gehörten unter anderem Dennis Ritchie und Brian Kernighan.

Abb. 1b Dennis Ritchie

Abb. 1c Brian Kernighan

Von letzterem stammt, etwa aus dem Jahr 1970, der Begriff UNIX, einer sprachlichen Anlehnung an den Namen eines

Betriebssystemprojekts namens MULTICS, das gerade beendet worden war. MULTICS stand für *Multiplexed Information and Computing Service.* Daraus entstand zuerst die Bezeichnung *Uniplexed Information and Computing Service* (UNICS) und daraus schließlich UNIX. 1971 wurde von Ken Thompson und Dennis Ritchie ein Handbuch zu einer *Version 1* des UNIX-Betriebssystems vorgelegt, der 1972 eine *Version 2* folgte.

Programmierung in C

Die Programmierung der ersten UNIX-Versionen erfolgte in ASSEMBLER. Etwa 1972 setzte in der Systemprogrammierung ein Trend ein, der weg von ASSEMBLER-Sprachen und hin zu höheren Sprachen führte. Typisch dafür ist die Entwicklung der Sprache BCPL über B und NB zu C. 1973 wurde UNIX von Ken Thompson und Dennis Ritchie erstmals in C implementiert. Das Ergebnis wurde *Version 6* genannt und stand 1975 auch außerhalb der Bell-Laboratorien zur Verfügung. Über die Versionen 3 bis 5 ist nur wenig bekannt. Es sind Bell-interne, experimentelle Weiterentwicklungen.

Eine Folge der Verfügbarkeit des UNIX-Betriebssystems außerhalb des Hauses Bell war der Wunsch, UNIX nicht nur auf PDP-Anlagen benutzen zu können. 1977 begannen Thompson und Ritchie, Portierungsüberlegungen in das System einfließen zu lassen. Ergebnis war die *Version 7*, die weite Verbreitung gefunden hat. Alle UNIX-Derivate stammen, wenn vielleicht auch etwas weitläufig, von der *Version 7* ab.
Zur Zeit ist das UNIX-Betriebssystem auf Rechnern jeder Größenordnung verfügbar. Es wird auf Personal-Computern, Arbeitsplatzrechnern (Workstations), Abteilungsrechnern (Minicomputer), Großrechnern (Mainframes) und Supercomputern eingesetzt.

System-V und BSD

Da in den ersten Jahren der UNIX-Entwicklung der Quellcode von AT&T freigegeben worden war, sind mehrere Entwicklungslinien entstanden, die alle auf der *Version* 7 beruhen. Die beiden wichtigsten sind *UNIX-System-V*, das von AT&T weiterentwickelt, gepflegt und vermarktet wird, und die Berkeley-Software-Distribution, die an der Universität von Kalifornien in Berkeley entwickelt wird. Beide Systeme werden in fortlaufenden Releases ausgeliefert, die ganz typische Bezeichnungen haben. So wird zum Beispiel das Release 4 des UNIX-System-V als SVR4 und das Release 4.3 der Berkeley-Software-Distribution als 4.3BSD bezeichnet. UNIX-System-V hat einen recht weit verbreiteten Vorgänger namens *System-III*. Über *System-I, -II und -IV* ist nichts oder nur wenig bekannt. Die AT&T-Entwicklung (System-V) war anfangs durch die Konzeption eines zentralen Rechnersystems mit vielen Terminals geprägt. Wenn es dabei mehrere Prozessoren gibt, dann sind sie eng gekoppelt, das heißt, sie besitzen einen gemeinsamen Hauptspeicher. Die Berkeley-Entwicklung beruhte von Anfang an auf lose gekoppelten, d.h. miteinander vernetzten, Prozessoren. Die neuen Versionen von UNIX-System-V haben inzwischen viele Ansätze der Berkeley-Entwicklung übernommen. Ein Beispiel dafür ist der *Socket*-Mechanismus, der in Berkeley für die Realisierung einer rechnerübergreifenden Kommunikation zwischen ablaufenden Programmen geschaffen worden war.

Produktinformationen über die wichtigsten UNIX-Versionen sind unter folgenden Anschriften erhältlich:

System-V: AT&T UNIX Europe
International House
Ealing Broadway
London W5 5DB
England

BSD: Howard Press
c/o USENIX
Association
P.O. Box 2299
Berkeley, CA 94710
USA

Die Abbildung 2 zeigt einige der wichtigsten Stationen der UNIX-Entwicklung

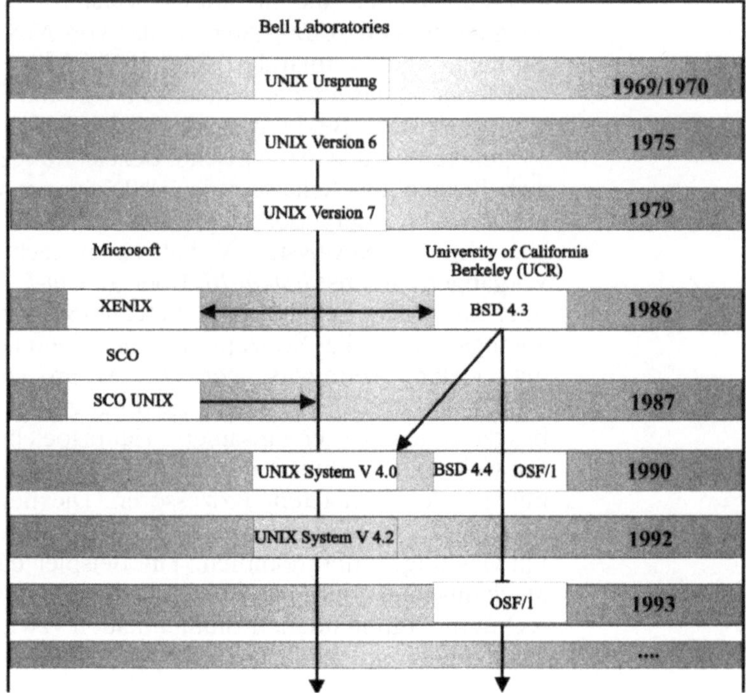

Abb. 2: UNIX-Entwicklung

Am 27. April 1999 erhielten die Wissenschaftler Dennis Ritchie und Ken Thompson vom Präsidenten Bill Clinton die „U.S. National Medal of Technology“ für Ihre bahnbrechenden Konzepte und Erfindungen in den Bell Laboratories im Rahmen des Projektes „UNIX“.

UNIX ist ein eingetragenes Warenzeichen der USL (*UNIX System Laboratories*), einer Tochtergesellschaft des AT&T-Konzerns. Dies führt bei anderen Herstellern zu Bezeichnungen wie beispielsweise SINIX (SNI), ULTRIX (DEC), HP-UX (HP) und AIX (IBM), IRIX (SGI).

Linux

Die Geschichte von Linux reicht zurück ins Jahr 1990, als der finnische Student Linus Benedict Torvalds nach einer Alternative zu MS-DOS suchte.

Abb. 3: Linus Benedict Torvalds

Als Studienanfänger an der Universität in Helsinki war er mit den bestehenden UNIX Versionen für Intel Prozessoren unzufrieden und begann mit Unterstützung vieler weiterer Entwickler sich sein eigenes POSIX-kompatibles Betriebssystem zu bauen.
Bei seiner Suche gelangte er zu *MINIX*, von Professor Andrew S. Tanenbaum. *MINIX* ist ein UNIX-Clone in einer recht rudimentären Fassung.
Linus Torvalds beschäftigte sich intensiv mit diesem Betriebssystem, erweiterte es um Funktionen und ersetzte immer mehr Quellcode durch eigenen. Zu Beginn programmierte er noch in ASSEMBLER, entschied sich aber bald für die geeignetere Programmiersprache C. Auf diese Weise entstand bald ein komplett neuer Betriebssystemkern, nämlich Linux in der Version 0.01. Torvalds verteilte diese Version an interessierte MINIX-User. Er entschied sich von Anfang an dafür, die Quelltexte seiner Entwicklung frei verfügbar zu machen (*Open Source*).

Im Jahre 1992 verteilte Linus die Version 0.12 per anonymous FTP im Internet, was zu einem sprunghaften Anstieg der Testerzahl führte. Im März 1994 erschien dann mit der Version 1.0 von Linux das erste richtig sichtbare Ergebnis von unzählbaren und motivierten Programmierern, welche erstmalig ein Betriebssystem über das Internet komplett entwickelt hatten.

Seit dem Jahr 1998 überschlagen sich die Ereignisse rund um Linux. Viele namhafte Rechner- und Softwarehersteller kündigen die Portierung ihrer Produkte zu Linux an. Darunter sind IBM und Compaq, die Linux als Betriebssystem auf ihren Rechner-Produkten unterstützen. Informix und Oracle entwickeln Ihre Datenbanken fortan auch für Linux. Anfang 1997 ist Torvalds zu den vielen anderen Computerpionieren nach Santa Clara in die USA gezogen. Was am Anfang ein Geheimtip war, fand 1998 bereits acht Millionen Anwender. Linux hat sich mittlerweile so stark etabliert, dass es mittlerweile von fast allen Datenbanksystemen speziell an Linux angepasste Versionen gibt.

Linux ein Betriebssystem

Linux ist ein UNIX-Derivat für Intel-PC, alpha, sparc und Mac. Linux ist eine komplett frei verfügbare Neuimplementation der POSIX-Spezifikation mit SYSV- und BSD-Erweiterungen. Und damit gleicht es UNIX, stammt aber nicht vom selben Urquellcode ab. Es ist als Source - also im Quellcode - oder als Binary verfügbar. Das Copyright liegt bei Linus Torvalds.

Das System ist frei erhältlich und unterliegt den Bestimmungen der *GNU* General Public License (GPL). Eine Kopie der *GPL* gehört zum Quellcode von Linux.
Unter der Bezeichnung „Linux" versteht man nur das eigentliche Betriebssystem, auch wenn sich der Begriff für die Gesamtheit an Programmen, die in sogenannten Distributionen ausgeliefert werden, eingebürgert hat.
Genaugenommen wäre die Bezeichnung „Linuxbasiertes GNU-System" (GNU is not UNIX) eher zutreffend.
Für eine erste Vertiefung sei auf Kofler [KOF2002] verwiesen.

Unterschied zwischen UNIX und Linux

Wie schon oben beschrieben liegt der wesentliche Unterschied zwischen UNIX und Linux darin, dass Linux auf einem eigenen Kernel aufbaut, nicht die Quellen des eigentlichen UNIX benutzt und somit auch nicht dessen Lizenzbestimmungen unterliegt.

Linux-Distribution

Heutzutage wird allerdings unter Linux eine fertige Distribution verstanden. Sie umfasst betriebsfertig zusammengestellte Softwarepakete, die aus UNIX-Programmen bestehen, die zu einem großen Teil von FreeBSD bzw. auch von anderen UNIX-Derivaten zu Linux portiert wurden. Das wichtigste an Linux ist, dass es nichts kostet – *na ja, nichts kosten muss* - es ist dabei aber auch an die GPL (General Public License) gebunden. Jeder kann sich seine Distribution aus den FTP-Archiven kostenlos - *nur die Verbindungskosten zum FTP-Server sind zu tragen* - selbst zusammenstellen oder auf fertige Distributionen zurückgreifen. Teilweise liefern die Distributoren auch einen entsprechenden Support. Ab und zu befinden sich in einigen bekannten Computerzeitschriften CDs mit sogenannten *Lite-Distributionen*, die damit zu den günstigsten "kompletten" Paketen gehören.

Besonderen Eigenschaften von Linux

- POSIX kompatibel und Open Source
- Multitasking - mehrere Programme laufen zur selben Zeit.
- Multiuser - mehrere Benutzer können gleichzeitig auf demselben Rechner arbeiten.
- Multiplattform, Linux läuft auf vielen verschiedenen CPUs, nicht nur Intel.
- Multiprozessorbetrieb; SMP-Unterstützung steht auf Intel- und SPARC- Plattformen zur Verfügung.
- Linux hat Speicherschutz zwischen Prozessen, so dass ein Programm nicht das ganze System zum Absturz bringen kann.
- Ausführbarer Code wird nach Bedarf geladen; Linux liest nur diejenigen Teile eines Programms von der Festplatte, die tatsächlich benutzt werden.
- Der Virtuelle Speicher benutzt Paging auf der Festplatte.
- Linux benutzt dynamisch gelinkte Libraries (*.o* bzw. *.so*) und statisch gelinkte.
- Linux benutzt Pseudoterminals (pty' s).
- Linux bietet mehrere virtuelle Konsolen, es können bis zu 64 benutzen werden.
- Linux unterstützt unzählige verschiedene Dateisysteme.
- Es werden die typischen UNIX-Netzwerktechnologien unterstützt, einschließlich ftp, telnet, NFS.
- Appletalk Server.

- Netware Client und Server
- LAN Manager (SMB) Client und Server

Erst die Kombination aus dem Linux-Kernel, den zahlreichen GNU-Komponenten, der Netzwerk-Software des BSD-UNIX und dem frei verfügbaren X-Window-System des MIT (Massachusetts Institute of Technology) und dessen Portierung für Personal Computers (PCs) mit Intel-Prozessoren macht Linux-Distributionen zu einem kompletten UNIX-Betriebssystem.
Als wichtige Distributionen sind aufzuzählen:

Deutschsprachige Distributionen

- Debian GNU/Linux von JF Lehmanns <http://www.de.uu.net/shop/JFL/Linux/debian.html>
- Easy Linux, Deutsche Ausgabe <http://www.eit.de/de>
- SUSE Linux, Deutsche Ausgabe <http://www.suse.de/>
- Caldera OpenLinux, Deutsche Ausgabe <http://www.caldera.de/openLinux.html>
- Mandrake, Deutsche Ausgabe <http://www.Linux-mandrake.com/de/>
- Red Hat Linux, Deutsche Ausgabe <http://www.redhat.de/>

Internationale Distributionen

- Caldera Open Linux <http://www.caldera.com/>
- Debian GNU/Linux <http://www.debian.org/>
- Red Hat Linux <http://www.redhat.com/>
- Slackware <http://www.cdrom.com/titles/os/slackwar.htm>
- <Mandrake http://www.mandrake.com>

Kurzbeschreibung der Distributionen

Slackware
Kein spezielles Paketsystem (TGZ). Kein zwingendes Konfigurationstool. Für Anfänger nicht zu empfehlen, da fast alles von Hand konfiguriert werden muss. Updates oft schwierig.

Red Hat
Mit einem eigenen Paketsystem (RPM). Kein eigenes Konfigurationstool, favorisiert Linuxconf.

Mandrake
Red Hat mit verbesserter Installation, KDE, Updates der meisten Pakete und Pentium-Optimierung.

SGI-Linux
Red Hat Derivat, speziell für Server, noch sehr jung. Verbesserungen am Kernel (zB NFSv3). Getestet mit SGI-Hardware.

SuSE
Eigenes Konfigurationstool. Gut auf den europäischen Markt abgestimmt. Großes Softwareangebot.

kmLinux
Auf SuSE basierende Distribution speziell für Schulen.

Debian
Mit einem eigenen Paketsystem (DEB). Offene Entwicklung. Kein eigenes Konfigurationstool. Problemlose Updates via Internet möglich. Die Distribution mit dem größten Software-Angebot. Keine Distribution, die nach zwei Fragen irgend etwas installiert, dadurch für Anfänger manchmal etwas verwirrend.

LibraNet Linux
Erweiterte Debian, kommerzielle Software, vereinfachte Installation und Support.

Caldera
Mit dem RPM Paketsystem. Eigenes Konfigurationstool. Viel kommerzielle Software (u.a. WordPerfect).

Stampede
Pentium optimierte Distribution. Ist im Moment noch Beta. Eigenes Paketsystem. Non-profit.

Turbo LINUX
Distribution für den asiatischen Markt. Hat ein paar Spiele dabei.

LINUX PPC
Für PowerPCs, d.h. vor allem für Macs. Basiert auf Red Hat.

Open Source

Die Vorteile der sogenannten *Open Source* Software sollen kurz dargelegt werden: Sicherheit, Planungssicherheit, Entwicklungskontinuität, Vielfalt, kostengünstig sowie einfache Wartung. Daneben sollen aber auch die Nachteile aufgezählt werden: Hardwarekompatibilität, Software-Mangel, Dokumentenaustausch.

Hierbei sei erwähnt, dass durch die schnelle und kostengünstige Verbreitung von Linux (insbesondere an den Universitäten und Hochschulen) der Markt in den nächsten Jahren durch dieses Betriebssystem geprägt wird und insbesondere die Medienindustrie mit neuer Software auf Linux basierten Systemen aufwartet.

Zu den wichtigsten *GNU* / Linux-Programmen sind zu zählen: *apache, sendmail, bind.* Mit Hilfe von Apache oder Roxen werden Http-Server für firmeninterne Webpages eingesetzt.

Samba

Mit Hilfe von *Samba* werden Dateiserver als Ersatz für WINDOWS/NT/2000 für Windows Clients bereitgestellt, die an keine Nutzungslizenzen gebunden sind und für die Clients vollkommen transparent sind. Für Linux / UNIX Clients steht natürlich NFS [Network-File-System] zur Verfügung.

Mit den komfortablen Desktop-GUIs *GNOME* und *KDE* lassen sich Linux-Arbeitsplätze konfigurieren, mit denen ein produktives Arbeiten möglich ist. (auch für Benutzer, die Windows–Oberfläche gewohnt sind.)

Weiterhin sind aus der Vielzahl für Linux erhältlicher Programme Datenbankmanagementsysteme zu nennen wie: *MySQL, PostgrSQL.* Diese beiden Data Base Management Systeme [DBMS] stehen unter *GPL* [General Public License] zur Verfügung. Weitere Produkte wie *IBM DB2, Oracle* und *ADABAS* sind ebenfalls für Linux verfügbar sowie Entwicklungswerkzeuge wie: GGC, Perl, PHP. Mailserver wie POP, IMAP und SMTP mit beinahe unbeschränkten Konfigurationsmöglichkeiten sind ebenfalls für Linux erhältlich.

Free Software Foundation

Die von Richard Stallmann initiierte Vereinigung „Free Software Foundation“ (*FSF*) ist eine steuerlich anerkannte gemeinnützige Organisation und bringt die Mittel für die Arbeit am *GNU*-Projekt auf.

Kontaktinformation:

Free Software Foundation	Tel.:+1-617-542-5942
59 Temple place-Suite 330	Fax:+1-617-542-2652
Boston, MA 02111-1307, USA	email: **gnu@gnu.org**

1.2 Standardisierung

Offene Systeme

UNIX gilt als Wegbereiter *Offenener Systeme* (vgl. Abschnitt 12.1). Darunter versteht man Rechnersysteme, die ein Mischen und Verwalten unterschiedlicher Hard- und Software-Plattformen gestatten. Eine *Plattform* ist eine Basis für Anwendungen. Beispielsweise stellen die Prozessoren Pentium IV der Firma Intel eine Hardware-Plattform dar, WINDOWS XP ist eine Software-Plattform. Offene Systeme sind in ihrem Einsatz und bei ihrem Ausbau vom Hersteller unabhängig. Durch den Wettbewerb der Hersteller sind Offene Systeme kostengünstiger als Großrechner. Allerdings benötigen sie Standards, sonst ist kein Mischen möglich. Um die Standardisierung von UNIX (auf zum Teil sehr unterschiedlichen Ebenen) sind eine Vielzahl von Gremien und Verbänden bemüht. Häufig laufen Firmeninteressen der Entwicklung Offener Systeme entgegen.

SVID

AT&T stellte 1985 seine System V Interface Definition (SVID) vor. Das ist eine Schnittstellendefinition des System-V-Entwicklers und -Herstellers für alle System-V-Implementierungen.

POSIX

IEEE, *das Institute of Electrical and Electronic Engineers*, ist ein amerikanisches (nationales) Normungsinstitut für die Bereiche Elektrotechnik und Elektronik. Etwa 1980 hat IEEE damit begonnen, die zulässigen UNIX-Systemaufrufe, das ist die Programmierschnittstelle zum eigentlichen Betriebssystem, dem sogenannten Betriebssystem-Kern, festzulegen.
Daraus ist 1988 der Standard IEEE P1003.1 hervorgegangen, der unter dem Namen POSIX, für *Portable Operating System Environment*, bekannt geworden ist.

X/OPEN

1984 schlossen sich die fünf europäischen Computer-Hersteller Bull, ICL, Siemens, Olivetti und Nixdorf zusammen, um den UNIX-Kern und bestimmte Arbeitsumgebungen zu spezifizieren.

Heute gehören zu X/OPEN auch außereuropäische Hersteller und Herstellerverbände. So sind beispielsweise 1987 die Firmen DEC, HP, Unisys und AT&T beigetreten, 1988 folgte IBM. X/OPEN entwickelt selbst keine Standards, sondern übernimmt existierende, wie zum Beispiel SVID. Die Spezifikationen werden in einem siebenbändigen *X/OPEN Portability Guide* (XPG) beschrieben. Der sechste Band definiert beispielsweise das X-Window-System. XPG schreibt insgesamt etwa 3.500 Tests für UNIX-Systeme vor.

OSF

Als Reaktion auf die enge Zusammenarbeit der Firmen AT&T und Sun-Microsystems auf dem UNIX-Sektor bildete sich 1988 eine Gruppe von inzwischen über 130 Computer-Herstellern, zu denen unter anderem IBM, SNI, DEC, HP und Bull gehören. Die Gruppe nennt sich *Open Software Foundation* (OSF), stützt sich auf die POSIX-Norm und ist X/OPEN-Mitglied. Entwicklungsbasis war AIX (IBM). Entstanden ist ein UNIX-Kern mit der Bezeichnung OSF/1. Als Hilfsmittel zur Gestaltung einheitlicher, fensterorientierter Benutzeroberflächen wird OSF/Motif zur Verfügung gestellt, das auf dem X-Window-System beruht Die OSF wurde inzwischen von SUN übernommen, da diese zahlungsunfähig war.

UI

Die Gründung der OSF löste (ebenfalls 1988) die Gründung von UNIX International (UI) als eine Art Gegengewicht aus. In UI sind unter anderem AT&T, Sun-Microsystems, NCR, Unisys, Fujitsu und ICL zusammengeschlossen. Basis ist ein System V (SVR4) für Prozessoren von Sun-Microsystems. Für eine einheitliche, fensterorientierte Benutzeroberfläche wird *Open Look* angeboten, das wie OSF/Motif auf einem X-Window-System beruht.

1.3 Eigenschaften des UNIX-Systems

Multiprogramming

Rechenvorgänge eines Prozessors (einer CPU: *Central Processing Unit*) sind etwa tausendmal schneller als Ein- und Ausgabevorgänge. Die CPU muss relativ lange warten, wenn ein Programm eine Ein- oder Ausgabe vornimmt. Beim Multiprogramming werden mehrere laufbereite Programme in den Arbeitsspeicher geladen. Wenn das Programm, das gerade die CPU benutzt, eine Ein- oder Ausgabe tätigt, wird die CPU nach einem bestimmten Verfahren, einem Scheduling-Algorithmus, einem anderen der laufbereiten Programme zugeteilt. Damit wird eine zeitlich überlappte Verarbeitung erreicht. Seit langem werden Plattenspeicher als virtuelle *Vergrößerung* des Arbeitsspeichers eingesetzt. Das Verlagern von Programmen zwischen Arbeits- und Massenspeicher wird *Swapping* genannt. Das UNIX-Betriebssystem realisiert ein Multiprogramming. Sein Scheduling-Verfahren arbeitet mit einer Prioritätssteuerung [BAC91].

Swapping

Time Sharing

Beim *Time Sharing* gibt ein laufendes Programm die CPU nicht nur anlässlich eines Ein- oder Ausgabevorgangs ab, sondern auch dann, wenn ein kleines Zeitintervall im Millisekundenbereich, eine sogenannte Zeitscheibe, abgelaufen ist. Die Zeitscheibe wird jedes mal neu gesetzt, wenn einem Programm die CPU zugeteilt wird. Die Zeitscheibentechnik ist im Zusammenhang mit der Dialogorientierung von Betriebssystemen entwickelt worden. Sie ermöglicht eine relativ faire Aufteilung des Betriebsmittels CPU an die vorhandenen Programme. UNIX ist ein ganz typisches Time-Sharing-System. Es ist interaktiv und multiuserfähig. Das bedeutet, dass UNIX mehrere Benutzer (mehrere Terminals) zur gleichen Zeit bedienen kann.

Multitasking

Im folgenden werden die Begriffe *Prozess* und *Task* synonym zueinander benutzt. Bei anderen Betriebssystemen ist diese Begriffsidentität nicht immer gegeben. Der Begriff Prozess, so wie er hier verwendet wird, stammt aus der UNIX-Entwicklung, der Begriff Task aus der Prozessdatenverarbeitung. Dort ist der Begriff Prozess bereits im Sinne technischer, physikalischer, chemischer usw. Prozesse belegt. Unter einem Prozess (einem Task) versteht man anschaulich die Abarbeitung eines Programms. Threads hingegen sind eigenständige Aktivitäten in einem Prozess; häufig auch als leichtgewichtige Prozesse bezeichnet.

Thread

Jeder Thread besitzt seinen eigenen Prozesskontext, wie jeder andere Betriebssystemprozess auch. Threads teilen sich einen eigenen Adressraum und können daher zusätzlich zur nachrichtenbasierten Kommunikation auch über den gemeinsamen Speicher kommunizieren. Threads haben sich insbesondere in RPC-Umgebungen (remote procedure call) als notwendig erwiesen, um die vielfältigen Aktivitäten mit dem synchronen, blockorientierten RPC-Modell handhaben zu können. Threads werden in Clients und Servern eingesetzt. Clients können durch Threads mehrere RPC-Aufrufe gleichzeitig absetzen, Server können gleichzeitig mehrere Aufrufe annehmen. Ein Betriebssystem heisst prozessorientiert, wenn seine Aktivitäten durch Prozesse strukturiert werden. Es ist dann Aufgabe des Betriebssystems, Mechanismen zur Erzeugung, Verwaltung und Beendigung von Prozessen zur Verfügung zu stellen. Im Abschnitt 4.4 wird darauf noch vertiefend eingegangen. Multitasking ist ein Multiprogramming prozessorientierter Betriebssysteme.

UNIX und PC-Betriebssysteme

UNIX wird auf Rechnern jeder Größenordnung eingesetzt. Das Spektrum reicht vom Personal-Computer (PC) bis zum Supercomputer, wie zum Beispiel der Anlage CRAY II. Zu dem Thema *UNIX und Großrechnerbetriebssysteme* wird im Abschnitt 12.1 Stellung genommen. Bei einem Vergleich von UNIX mit Betriebssystemen für Personal-Computer wird häufig lediglich MS-DOS herangezogen und die Multitaskingfähigkeit von UNIX herausgestellt. UNIX ist ein Time-Sharing-System. Es ist interaktiv, multiuser- und multitaskingfähig.

Ein Vergleich der Betriebssysteme und ihrer Eigenschaften und Leistungsfähigkeit verdeutlicht die folgende Tabelle.

Betriebs-system	**Multiuser-fähigkeit**	**Mutli-prozes´-sor-fähigkeit**	**Busbreite**	**Prozessor-architekturen**
UNIX / Linux	ja	ja	32 bzw 64 bit	ARM, Power PC, RISC, MIPS, S390, IA-64, PA-RISC, ALPHA, SPARC
Windows NT 4.0 Workstation	nein (nur über Zusatzmodule oder Mechanismen, z.B. ftp, telnet, rsh, etc.)	Ja (max.2)	32 bit	Intel + kompatibel; RISC, Alpha AXP, MIPS, Power-PC
Windows NT 4.0 Enterprise Server	ja (z.B. Terminal-unterstützung)	ja (max. 8)	32 bit	Intel + kompatibel; RISC, Alpha AXP, MIPS, Power-PC
Windows 2000 Professional	ja	ja (max. 2)	32 bit	Intel + kompatibel; 64bit CPUs (Digital Alpha, Intel Merced)
Windows 2000 Server	ja	Ja (max. 4)	32 bit	Intel + kompatibel; 64bit CPUs (Digital Alpha, Intel Merced)
Windows 2000 Advanced Server	ja	ja (max. 8)	32 bit	Intel + kompatibel; 64bit CPUs (Digital Alpha, Intel Merced)
Windows 2000 Datacenter Server	ja	ja (max. 32)	32 bit	Intel + kompatibel; 64bit CPUs (Digital Alpha, Intel Merced)
Windows XP Professional	ja	ja (max. 2)	32 bit	Intel + kompatibel; 64bit CPUs (Digital Alpha, Intel Merced)

Busbreite: Seit dem 3. Quartal 2002 bietet Microsoft 64-bit-Versionen seiner Betriebssysteme an

Ein Vergleich, der sich lediglich auf die Multitaskingfähigkeit bezieht, lässt außer acht, dass UNIX bzw. Linux das einzige Betriebssystem ist, das Multitasking, Grafikunterstützung und Offenheit (*Cross Platform Compatibility*) realisiert. Auch Unterschiede, wie zum Beispiel die Systemsicherheit, werden oft übersehen. UNIX verlangt ein explizites Anmelden beim System und wickelt dafür eine Benutzername-Passwort-Prozedur ab. Der Zugriff auf Dateien unterliegt einem differenzierten Schutz. Wer dagegen einen Personal-Computer einschaltet, ist damit der Besitzer des Rechners und aller Dateien auf diesem System. Er kann sogar auf Disketten ein eigenes Betriebssystem mitbringen und damit den Rechner hochfahren (booten). Personal-Computer stellen diesbezüglich für Leiter von Rechenzentren ein beträchtliches Problem dar. Die Folge sind Computer-Netzwerke mit UNIX-Anlagen als sogenannte *Server*, zum Beispiel für die Datenhaltung, und Personal-Computer als dem Benutzer zugewandte Clients, die die Dienstleistungen der Server in Anspruch nehmen. Man vergleiche dazu Kapitel 12.

Kommandointerpreter und Toolbox

Zur Unterstützung seiner Dialogfähigkeit stellt UNIX einfache, aber dennoch mächtige Kommandointerpreter, sogenannte Shells, zur Verfügung.
Anwender und Anwendungsprogrammierer dialogorientierter Betriebssysteme nehmen die Dienstleistungen des Betriebssystems über Befehle eines Kommandointerpreters in Anspruch.
Das vorliegende Buch sowie der interaktive Lehrgang auf CD-ROM beschreibt genau diesen Weg. Es zeigt die Benutzung des UNIX-Betriebssystems mit Hilfe einer Standard-Shell, die bei modernen UNIX-Systemen unter Umständen in eine Fensterumgebung (vgl. Abschnitt 12.4) eingebettet ist. Der für einen Benutzer am auffälligsten sichtbare Unterschied zu anderen, insbesondere älteren Betriebssystemen, ist sein Charakter als Werkzeugkiste (Toolbox). UNIX selbst, aber auch gerade seine Shells unterstützen das Zusammenwirken dieser Werkzeuge. Das Kapitel 4 wird dies deutlich machen.

Hierarchisches Dateisystem

Das UNIX-Dateisystem ist hierarchisch gegliedert und vom Benutzer dynamisch erweiterbar. Es war Vorbild für das

Dateisystem von MS-DOS, geht jedoch in seinen Möglichkeiten darüber hinaus. Das Kapitel 3 vertieft die Ausführungen über Dateien und Dateisystem.

Sicherheitsaspekte und Echtzeitfähigkeit

Die frühen UNIX-Versionen wiesen keine Bezüge zu Echtzeitanwendungen auf. Auch auf Sicherheitsaspekte im Umfang und der Tiefe, wie sie bei kommerziell eingesetzten Computersystemen unabdingbar sind, wurde anfangs kein Wert gelegt. Mit der Verbreitung von UNIX im kommerziellen Bereich sind entsprechende Modifikationen, zum Beispiel beim Systemzugang und beim Zugriff auf Dateien, eingebracht worden. Zum Teil haben sie sich in Standards niedergeschlagen, zum Teil sind sie herstellerabhängig. Von seiner Konzeption her ist UNIX nicht echtzeitfähig. Unter anderem kann UNIX das Einhalten einer oberen Zeitschranke bei der Bearbeitung von Eingaben nicht garantieren. Allerdings gibt es auch auf diesem Gebiet inzwischen eine ganze Reihe von Herstellern, die Echtzeit-Modifikationen in UNIX eingebracht haben. Ein Beispiel ist die Ersetzung des traditionellen Scheduling-Verfahrens durch ein verdrängendes (preemptives) Verfahren, bei dem ein wichtiger Prozess einem unwichtigen die CPU wegnehmen kann.

Systemmodus und Benutzermodus

Ein Multitasking-Betriebssystem muss in der Lage sein zu verhindern, dass ein Benutzerprogramm auf Speicherbereiche, auf Daten, auf Geräte usw. anderer Benutzer unberechtigt zugreift. Das UNIX-System löst dieses Problem dadurch, dass es stets in genau einem von zwei Modi arbeitet. Im Systemmodus (System Mode) sind alle Maschinenbefehle ausführbar, im Benutzermodus (User Mode) dagegen steht nur ein eingeschränkter Befehlsvorrat zur Verfügung. Ein Beispiel soll diesen Sachverhalt klar machen. Wenn ein Benutzerprozess auf eine Datei lesend zugreifen will, muss seine Berechtigung geprüft werden. Es könnte sich ja um eine Datei eines anderen Benutzers handeln, die dieser geschützt haben möchte. Das Betriebssystem muss verhindern, dass das Lesen aus einer Datei unkontrolliert erfolgen kann. Der Benutzer darf keine Möglichkeit haben, den Kontrollmechanismus des Betriebssystems zu umgehen, indem er beispielsweise einen eigenen Gerätetreiber programmiert, der auf Dateien zugreift, ohne deren Schutzcode zu beachten. Der Benutzer muss gezwungen werden, bei jedem Dateizugriff nur die vom

Betriebssystem dafür vorgesehenen Programme zu benutzen, damit die Zugriffskontrolle garantiert werden kann.

Systemaufrufe

Um die beiden Modi realisieren zu können, reicht ein (einziges) Bit aus. Es ist Teil des Prozessors, genauer seines Programmstatusworts, das alle Zustandsbits (Flags) des Prozessors enthält. Arbeitet ein Prozess im Benutzermodus, ist das Modusbit auf Null gesetzt. Der Prozess ist nicht in der Lage, direkt auf eine Datei zuzugreifen. Benötigt er einen Dateizugriff, dann startet er einen Systemaufruf. Das ist ein Programm des Betriebssystems, das über einen, hier durch einen Maschinenbefehl ausgelösten Interrupt (eine Unterbrechung der CPU) gestartet wird. Will beispielsweise ein Benutzerprozess aus einer Datei lesen, dann startet er einen dazu gehörenden Interrupt. Dadurch wird die CPU in ihrer Arbeit unterbrochen. Der unterbrochene Zustand wird gerettet, der Modus wechselt vom Benutzermodus in den Systemmodus, und das zu dem entsprechenden Interrupt gehörende Betriebssystem-Programm, eine sogenannte Interrupt-Service-Routine, wird gestartet. Diese Interrupt-Service-Routine führt, gewissermaßen im Auftrag des Benutzerprozesses, den Lesevorgang aus der Datei durch und stellt das Gelesene dem Benutzerprozess zur Verfügung. Bei der Beendigung der Interrupt-Service-Routine wird der ursprüngliche Modus wieder hergestellt. Beim Beispiel von oben arbeitet der Benutzerprozess dann wieder im Benutzermodus.

Der UNIX-Kern

Der Kern des UNIX-Betriebssystems ist der Teil des Betriebssystems, der ausschließlich über Systemaufrufe erreichbar ist. Die Menge der verfügbaren Systemaufrufe bildet die Schnittstelle zum Systemkern. Mit anderen Worten: Der UNIX-Kern stellt seine Dienstleistungen ausschließlich über Systemaufrufe zur Verfügung. Bei der Konzipierung des UNIX-Systems ist versucht worden, dem Kern nur Unabdingbares zuzuordnen. Das hat dazu geführt, dass viele Werkzeuge (Tools, Utilities), die in anderen Betriebssystemen zum Kern zählen, bei UNIX außerhalb des Kerns und damit in der Verantwortung des Benutzers liegen.
Abbildung 4 zeigt die Lage und, grob dargestellt, den Inhalt des UNIX-Kerns zwischen der Hardware und den Anwendungsprogrammen. Der Kern besteht aus der Prozessverwaltung, zu der Systemaufrufe wie fork() zur Prozesserzeugung und exit() zur Prozessbeendigung gehören, und aus dem Dateisystem mit Systemaufrufen wie creat() zum

Anlegen und write() zum Beschreiben von Dateien. Das Dateisystem zerfällt in einen Teil, der mit zeichenorientierten Geräten wie Tastatur und Bildschirm arbeitet, und in einen Teil, der sich mit blockorientierten Geräten, zu denen die Festplatte gehört, befasst. Ein Block ist die Übertragungseinheit zwischen dem Datenträger und dem Hauptspeicher. Blöcke haben als Größe ein Vielfaches von 512 Bytes und werden im Hauptspeicher zwischengespeichert (gepuffert). Das (große) Gebiet der Hauptspeicherverwaltung gehört bei UNIX zur Prozessverwaltung.

Dateisystem und Prozessverwaltung sind nicht so streng getrennt, wie Abbildung 4 vorgibt. Bestimmte Systemaufrufe, beispielsweise einige, die der Kommunikation zwischen Prozessen dienen, gehören zur Prozessverwaltung, benutzen jedoch Dateien als Vehikel für den Transport der Daten und greifen auf das Dateisystem zu.

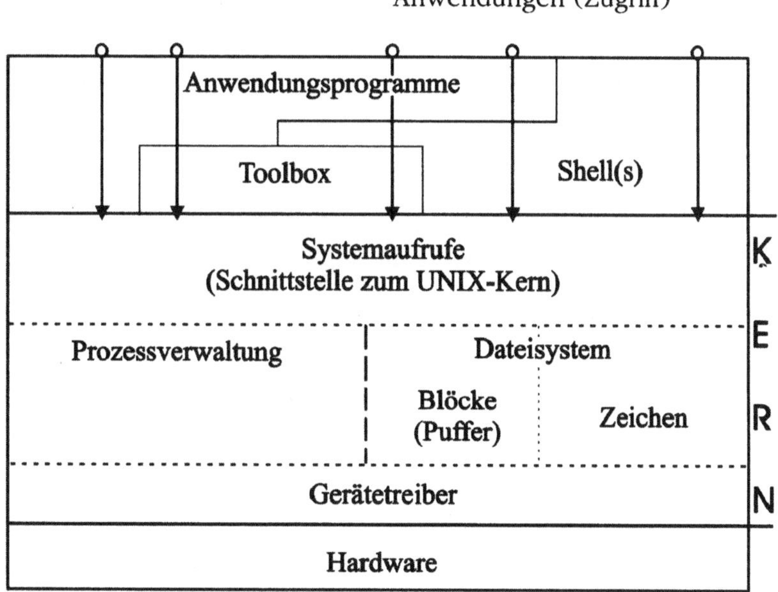

Abb. 4: Der UNIX-Kern

Übungen

1.1 Was versteht man unter einem Offenen System?

1.2 Wozu dient eine Shell?

1.3 Wie verhindert UNIX einen unberechtigten Zugriff auf eine Datei?

1.4 Aus welchen beiden Teilen besteht der UNIX-Kern? Geben Sie zu jedem Teil einen Systemaufruf an.

Hinweise auf den interaktiven Lehrgang auf CD-ROM

Zu dem Kapitel Historie und Systemcharakteristika empfiehlt es sich, folgende Lektionen auf der CD-ROM zu bearbeiten:

- Überblick

- UNIX ein Betriebssysstem
- Philosophie
- Einführung in die Shell

2 Erste Kommandos und Werkzeuge

2.1 Arbeitsweise einer Shell

Login

Der schnellste Weg, mit dem UNIX-Betriebssystem vertraut zu werden, besteht darin, es zu benutzen. Mit dem vorliegenden Buch und dem interaktivem, multimedialen Lehrgang auf CD-ROM wird versucht, den Leser und den Lernenden auf diesen Weg zu bringen. Deshalb wird sofort nach dem Überblick, den das erste Kapitel geboten hat, noch vor den Ausführungen zum Dateisystem und zur Prozessverwaltung, die Handhabung des Systems in einem ersten noch sehr einfach gehaltenen Schritt dem Leser nahegebracht. Die Benutzung von UNIX beginnt mit der Anmeldung beim System, dem sogenannten *Login.* Da UNIX ein Multiuser-System ist, muss jeder potentielle Benutzer dem System bekannt, d.h. in einer Liste eingetragen sein. Er benötigt einen Benutzernamen und eine Zugangsberechtigung in Form eines nur ihm bekannten Passwortes. Häufig wird als Benutzername der vielleicht verkürzte Familienname verwendet. Ein Benutzer, der nur einer von vielen Teilnehmern ist und nicht auch der Besitzer des ganzen Rechnersystems, was bei UNIX-Derivaten auf Personal-Computern häufig vorkommt, wendet sich an einen Systemverwalter (Superuser), um sich einen Benutzernamen und ein Passwort geben zu lassen. Der Benutzername bleibt solange erhalten, bis der Systemverwalter ihn löscht oder ändert; das Passwort kann und sollte (aus Sicherheitsgründen) vom Benutzer öfter geändert werden. Bei einem UNIX-System erfolgt die Teilnahme am Rechenbetrieb von einem Terminal oder von einem Gerät aus, das auf UNIX wie ein Terminal wirkt. Es ist Sache des Systemverwalters, die jeweiligen Terminalcharakteristika dem System bekannt zu machen. Nach Einschalten des Terminals und Betätigen einer Taste meldet sich ein UNIX-Systemprogramm und fragt nach dem Benutzernamen und dem Passwort. Es überprüft die Zugangsberechtigung und startet im Erfolgsfall, eventuell erst nach der Ausgabe von Meldungen über den aktuellen Rechenbetrieb, einen voreingestellten Kommandointerpreter. Dieser meldet sich mit einem sogenannten Promptzeichen, das den Benutzer auffordert, Befehle einzugeben. Sollten Anmeldungsversuche scheitern, ist eine Rücksprache mit dem Systemverwalter erforderlich. Bei einer Reihe von Programmen zur Kontrolle der Anmeldungen ist herstellerabhängig festgelegt, dass nach einer vorgegebenen Anzahl erfolgloser Versuche die Benutzungsberechtigung gesperrt wird. Bei anderen wiederum gibt es einen Alterungsprozess, der eine Benutzerkennung sperrt, wenn sie eine bestimmte Anzahl von Tagen nicht benutzt worden ist. In allen diesen Fällen ist der Systemverwalter einzubeziehen.

Kommandointerpreter (Shells)

Die Kommunikation zwischen dem Anwender und seinem UNIX-System findet über die Shell statt, die wie eine Schale den Betriebssystem-Kern umschließt.

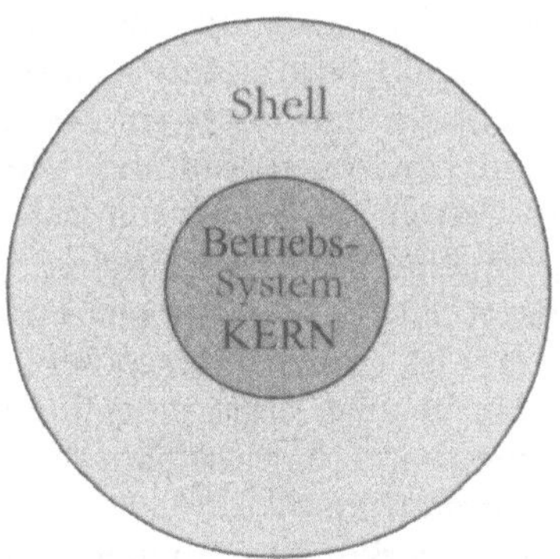

Die Shell legt sich wie eine Schale um den Betriebssystemkern und ermöglicht dem Benutzer, im Dialog seine Anweisungen an UNIX abzusetzen.

Abb. 5: Die UNIX- Shell

Der Aufruf erfolgt bei UNIX traditionell mit Hilfe eines Kommandointerpreters, der *Shell* genannt wird. Die *Shell* nimmt die Befehle des Anwenders entgegen, interpretiert sie und veranlasst ihre Ausführung der Reihe nach. Fehleingaben werden durch sie abgeblockt und führen zu einer Fehlermeldung.

Jedes interaktive Betriebssystem stellt seinen Benutzern eine Sammlung vorgefertigter (hilfreicher) Programme zur Verfügung. Diese Programme heißen (Shell-)Kommandos oder Systemprogramme oder Dienstprogramme (Tools, Utilities). Sie bilden als eine Art Werkzeugkasten die Toolbox des Systems. Man vergleiche dazu die Abbildung 1 am Ende des ersten Kapitels. Dort wird die Stellung der Toolbox bezüglich des Betriebssystemkerns gezeigt. Typische Werkzeuge sind beispielsweise Programme zum Anlegen, Editieren, Kopieren, Sortieren und Löschen von Dateien.

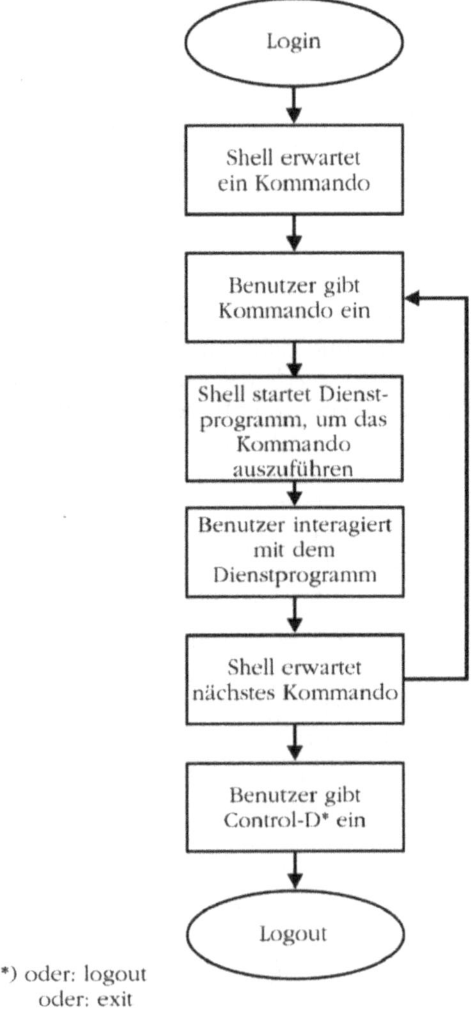

Abb. 6 Ablauf einer Shellsitzung

Die Abbildung 6 verdeutlicht den Ablauf und die Funktionalität einer Shell-Sitzung mit login- und logout-Prozedur sowie der Eingabe von Shell-Kommandos. Anstelle einer Shell sind Menüsysteme möglich (und zum Teil verbreitet). Heute stehen fensterorientierte grafische Benutzeroberflächen (X-Window) zur Verfügung. Im Abschnitt 12.4 wird X-Window etwas ausführlicher vorgestellt. Für die meisten Benutzer sind die Dienstleistungen des UNIX-Systems nur über Shell-Kommandos, also über Aufrufe der Werkzeuge der Toolbox mit Hilfe eines Kommandointerpreters, erreichbar. Drei Kommandointerpreter sind weit verbreitet: Bourne-Shell, C-Shell und Korn-Shell [OLC2001]. Im Abschnitt 4.1 werden sie miteinander verglichen. Dort wird auch begründet, weshalb der Autor für die Beispiele des vorliegenden Buchs eine Bourne-Shell bevorzugt. Der im folgenden beschriebene Grobablauf bei einem Kommadoaufruf sowie die Kommandobeispiele in diesem Kapitel gelten für alle drei Shells.

Grobablauf beim Kommandoaufruf

Einige Kommandos zeichnen sich dadurch aus, dass sie sehr klein sind und sehr oft verwendet werden. Ein Beispiel ist das Kommando *pwd*, das anzeigt, wo man sich in der Dateien-Hierarchie gerade befindet (vgl. Abschnitt 3.1). Diese (wenigen) Kommandos sind als Unterprogramme fest in die Shell eingebaut. Die anderen Kommandos liegen als Programme in Dateien vor. Diese Dateien sind als *ausführbar* gekennzeichnet. Die Shell kann derartige Dateien in den Hauptspeicher laden und zur Ausführung bringen. Abbildung 7 zeigt in einem C-ähnlichen Pseudocode den Grobablauf bei einem Kommandoaufruf.

```
{
while(TRUE) {                          /* Endlosschleife */
        Gib das Promptzeichen aus;
        Lies eine Kommandozeile ein;
        Behandle Sonderzeichen in der Kommandozeile;
                (Siehe dazu Kapitel 4);
        Identifiziere den Kommandonamen;
        if (Das Kommando liegt als Unterprogramm vor)
            Bringe es zur Ausführung;
                /* Ein Beispiel ist das exit-Kommando, */
                /* mit dem die Shell beendet wird.     */
        else    {
                Suche eine ausführbare Datei mit diesem
                Namen;
                Lade sie in den Arbeitsspeicher und bringe
                sie zur Ausführung;
```

Abb. 7: Grobablauf beim Kommandoaufruf

Reaktion der Shell

Bei allen praktischen Beispielen des vorliegenden Buchs wird bezüglich der Eingaben in die Shell als auch für Ausgaben der Shell eine durchgängige Schreibweise verwendet. Die Zeichen bedeuten, dass die Shell auf dem Bildschirm eine Eingabeaufforderung,

```
---> $
```

ein sogenanntes Promptzeichen, ausgibt. Im obigen Beispiel besteht das Promptzeichen genauer aus zwei Zeichen:
einem Dollarzeichen, dem ein (nicht sichtbares) Leerzeichen folgt. Der Pfeil wird nicht mit ausgegeben. Er soll die Eingabeaufforderung der Shell optisch hervorheben.

pwd

```
---> $ pwd
     /usr/schaffrath
```

Die Schreibweise bedeutet, dass zuerst die Shell das Promptzeichen ausgibt, dann der Benutzer die Zeichenfolge *pwd* eingibt und seine Eingabe mit einer Eingabe-Taste, die oft RETURN-Taste genannt wird, beendet. Als Ergebnis dieser Kommandoeingabe schreibt die Shell die Ausgabe des Kommandos *pwd* auf den Bildschirm. Das *pwd*-Kommando wird im Abschnitt 3.1 vorgestellt. Auf eine Kommandoeingabe reagiert die Shell auf jeweils genau eine der folgenden drei Arten.

1. Ein Kommando namens *abc* wird eingegeben, jedoch ist es kein Unterprogramm der Shell, und es wird auch keine Datei namens *abc* gefunden.

```
---> $ abc
     abc: not found
```

Moderne UNIX-Systeme sind international angelegt und vom Systemverwalter so konfigurierbar, dass Kommandos, zu denen auch die Shell gehört, zum Beispiel deutschsprachig arbeiten. Wegen der größeren Verbreitung wird hier eine amerikanische Version bevorzugt.

Bei der obigen Reaktion der Shell könnte ein Schreibfehler beim Kommandonamen vorliegen. In diesem Zusammenhang sind zwei Bemerkungen zu machen.

a. Wo überall die Shell nach einem Kommando sucht, ist vom Benutzer beeinflussbar. Im Abschnitt 6.1 wird dies näher ausgeführt.

b. Die Shell unterscheidet zwischen Groß- und Kleinschreibung. Man sagt, sie sei *case sensitive*. Wird beispielsweise das Kommando *pwd* als PWD oder Pwd eingegeben, wird es von der Shell nicht gefunden, was zur oben angegebenen Reaktion führt.

2. Wieder wird ein Kommando namens *abc* eingegeben. Die Shell findet eine Datei namens *abc*, die jedoch nicht als ausführbar gekennzeichnet ist.

```
---> $ abc
     abc: execute permission denied
```

3. Als dritte und letzte Möglichkeit wird nach der Eingabe eines Kommandos namens *abc* dieses als Unterprogramm der Shell oder als ausführbare Datei gefunden, in den Hauptspeicher geladen und ausgeführt.

```
---> $ abc
     Das Kommando abc wird durchgeführt.
```

Die zuletzt beschriebene Reaktion ist die eigentlich erwünschte. Man beachte, dass ein Schreibfehler besonders heimtückisch ist, wenn er zu einem richtig geschriebenen anderen Kommando führt.

2.2 Dateikommandos und vi

Erste Kommandos

Bei den Beispielen kommt als Sonderzeichen eine Raute # vor. Sie wird als Kommentareinleitungszeichen verwendet. Ihre

Das erste Kommando, das vorgestellt werden soll, dient dazu sich beim System wieder abzumelden. Man spricht von einem *Logout* oder *Logoff*.

exit

Beim System abmelden (Logoff, Logout)

---> $ exit # Auch CTRL/d ist verwendbar

Alternativ zum *exit*-Kommando kann eine bestimmte Funktionstaste verwendet werden. Die Schreibweise CTRL/x (hier CTRL/d) wird für das Betätigen von Funktionstasten benutzt. Sie bedeutet dass die CTRL-Taste zu drücken ist und gedrückt gehalten werden muss. Während diese gedrückt bleibt, ist die x-Taste (hier die d-Taste) zu betätigen. Die nächsten Kommandos beziehen sich auf Dateiverzeichnisse und auf Dateien und greifen dem Kapitel 3 etwas vor.

ls

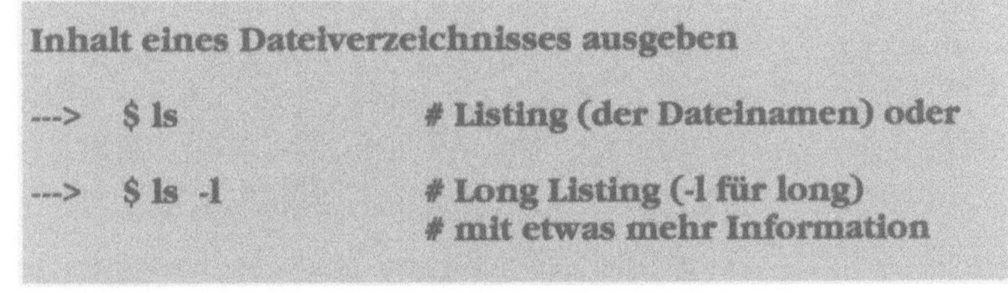

Inhalt eines Dateiverzeichnisses ausgeben

---> $ ls # Listing (der Dateinamen) oder

---> $ ls -l # Long Listing (-l für long)
 # mit etwas mehr Information

cat

Inhalt einer Datei ausgeben (Concatenate)

---> $ cat Datei # Ausgabe anhalten mit CTRL/s
 # Weiter mit CTRL/q

Die Bezeichnung *cat* für *concatenate* kommt daher, dass mit dem Kommando nicht nur eine einzige Datei ausgegeben werden kann. Werden mehrere Dateinamen durch Leerzeichen voneinander getrennt angegeben, so werden die Dateiinhalte so ausgegeben, als läge eine einzige zusammengebundene (concatenate) Datei vor. Bei größeren Dateien ist das folgende Kommando nützlich, das ein Arbeiten mit CTRL/s und CTRL/q überflüssig macht.

pg, more

Inhalt einer Datei seitenweise auf dem Bildschirm

```
---> $ pg Datei        # Page (bei System-V) oder

---> $ more Datei      # bei BSD
                       # Jeweils weiter mit der
                       # Eingabe-Taste
```

rm

Datei löschen (Remove)

```
---> $ rm Datei        # Löscht ohne Rückfrage
```

Die Bezeichnung *rm* steht für *remove*. In der Tat ist das eine angemessenere Bezeichnung für den dahinter stehenden Vorgang, als es *delete* oder *erase* wären. Darauf kann erst im Abschnitt 3.3 näher eingegangen werden.

mv

Datei umbenennen (Move)

```
---> $ mv alter_Name neuer_Name
```

Auch die Bezeichnung *move* ist, wie oben *remove*, angemessen da das Umbenennen von Dateien lediglich eine Lesart dieses Kommandos ist (vgl. Abschnitt 3.3).

cp

Datei kopieren (Copy)

```
---> $ cp alte_Datei neue_Datei   # Überschreibt ohne
                                  # Warnung
```

UNIX-Standard-Editoren

Für UNIX-Systeme sind im Lauf der Jahre eine Vielzahl von Editoren, gemeint sind hier Texteditoren, entwickelt worden. Die beiden ältesten von ihnen, ed und vi, haben nach wie vor große Bedeutung. Es ist allerdings festzustellen, dass UNIX-Benutzer, die aus Anwendungsbereichen der Personal-Computer kommen und mit komfortablen Texteditoren und Formatierwerkzeugen vertraut sind, die Arbeit mit den nichtformatierenden, sondern rein editierenden Werkzeugen *ed* und *vi* als umständlich und gewöhnungsbedürftig empfinden. Ihr Vorteil liegt in ihrer großen

Funktionalität (beides sind mächtige Editoren), ihrer Arbeitsgeschwindigkeit und ihrer weltweiten Verfügbarkeit unter UNIX. Zur Textformatierung stellt UNIX eigenständige Werkzeuge, wie zum Beispiel *nroff* [BOU92], zur Verfügung.

ed ist ein zeilenorientierter Editor. Das heißt, dass zu jeder Editieranweisung eine Zeilenangabe gehört, die klarstellt, auf welche Zeile(n) sich die Anweisung bezieht. Als Beispiel folgt eine *ed*-Anweisung und ihre umgangssprachliche Formulierung:

37 s/Adam/Eva/

Ersetze (s: substitute) in der Zeile 37
das erste Auftreten (von links) der
Zeichenfolge Adam durch Eva.

Der *vi* (Visual Editor) ist bildschirmorientiert. Er nutzt den Bildschirm in seiner ganzen Größe aus, erlaubt tastengesteuerte Cursorbewegungen und lässt sich über eine Fülle von Funktionstasten bedienen. Bildschirmorientierte Editoren sind für Arbeiten im Dialog nützlich. Sie sind jedoch ungeeignet, um in einem Programm oder einer Kommandoprozedur (vgl. Kapitel 5) als Werkzeug zum Editieren von Dateien zu dienen. Für solche Anwendungen sind Editoren wie *ed* unverzichtbar. Er bildet die Basis sehr vieler UNIX-Werkzeuge. Selbst der *vi* erlaubt den Aufruf von *ed*-Kommandos. Der *ed* wird in diesem Buch nicht ausführlich behandelt. Bei einer Übungsaufgabe im Kapitel 9 wird er sich als nützlich erweisen. Im Abschnitt 9.2 erfolgen die entsprechenden Bedienungshinweise.

Arbeiten mit dem vi

Der *vi* wird hier nur kurz behandelt. Von seiner (großen) Funktionalität wird gerade soviel vermittelt, dass mit ihm grundsätzlich gearbeitet werden kann. Für eine erste Vertiefung sei auf das Buch von Gulbins [GUL95] und Lamb [LAM99] verwiesen.

Der *vi* arbeitet immer in genau einem von zwei Modi. Im *Kommandomodus* ist jede Eingabe ein Editier-Kommando. Beispielsweise ist *q* (für quit) ein Kommando, um das Editieren zu beenden. Im Eingabemodus wird jede Eingabe als Inhalt (Text) der zu editierenden Datei behandelt

vi

Der Aufruf

---> $ vi Dateiname

startet den *vi* mit der angegebenen Datei und führt sofort in den Kommandomodus. Gibt es die angegebene Datei bereits, so wird sie verwendet, anderenfalls neu angelegt. Jede Eingabe wird jetzt als Kommando an den *vi* interpretiert. Im Kommandomodus sind Cursor- und Funktionstasten wirksam, d.h. man kann zum Beispiel den Cursor an die Textstelle bewegen, bei der man das Editieren beginnen will. Es gibt mehrere Kommandos, die in den Eingabemodus des *vi* führen. In diesem Modus wird jede Eingabe zum Datei-Inhalt. Dabei gibt es eine Ausnahme, die dazu dient, in den Kommandomodus zurückzukehren:

> Das Betätigen der ESC-Taste im Eingabemodus führt immer in den Kommandomodus zurück!

Im Eingabemodus sind bei vielen Terminals die Cursortasten nicht aktiv. Häufig ist dann die Terminalanpassung nicht korrekt durchgeführt worden. Eine Rücksprache mit dem Systemverwalter ist angebracht. Unter anderem führen folgende Kommandos vom Kommandomodus in den Eingabemodus:

i	===>	Insert: Einfügen an der Cursorposition.
a	===>	Append: Einfügen hinter der Cursorposition.
A	===>	Append: Einfügen am Zeilenende.
o	===>	Open Line: Einfügen in neuer Zeile unter der Cursorposition.
O	===>	Open Line: Einfügen in neuer Zeile über der Cursorposition.

Mit folgenden Kommandos wird im Kommandomodus, der eventuell erst durch die ESC-Taste erreicht werden muss, das Arbeiten mit dem *vi* beendet:

:wq	===>	Write Quit: Editor verlassen, Datei sichern.
:q!	===>	Quit: Editor verlassen, Datei nicht sichern.

Das erste Zeichen der obigen beiden Kommandos führt den Cursor in eine Statuszeile am unteren Rand des Bildschirms. Jetzt können dort *vi-* und *ed*-Kommandos eingegeben werden. So steht *w* für *write* und *q* für *quit*. Um das *write* zu verstehen, muss man wissen, dass der *vi* eine Kopie der Datei editiert, nicht das

Original. Das Kommando *w* bedeutet, dass die Kopie auf die Ausgangsdatei zurückgeschrieben werden soll. *q* beendet dann den Editor. Auch beim zweiten Kommando von oben führt der Doppelpunkt in die Statuszeile. Dem folgt das Kommando *q*. Ist bisher an der Datei keine Veränderung vorgenommen worden, dann beendet *q* den Editiervorgang. Hat es jedoch eine Veränderung gegeben, dann wird ein Beenden ohne vorheriges *w* verweigert. Ein Ausrufungszeichen nach dem *q* bewirkt, dass der Editor auch ohne vorheriges *w* beendet wird.

Kommandos, um den Bildschirminhalt (das Fenster zur Datei) zu verschieben, sind:

CTRL/f	==>	Forward:	Eine Seite auf das Dateiende zu.
CTRL/b	==>	Backward:	Eine Seite auf den Dateianfang zu.
CTRL/d	==>	Down:	Eine halbe Seite auf das Dateiende zu.
CTRL/u	==>	Up:	Eine halbe Seite auf den Datei-Anfang zu.

Man beachte, dass der *vi* die Tastenkombination CTRL/d anders interpretiert als die Shell. Als Eingabe in die Shell bewirkt ein CTRL/d die Beendigung des Shell-Programms und entspricht der Eingabe eines *exit*-Kommandos.

Im Kommandomodus werden Zeichen durch folgende Befehle gelöscht:

x	==>	Das Zeichen unter dem Cursor löschen.
dw	==>	Delete Word: Das Teilwort unter dem Cursor bis zum rechten Wortende löschen.
3dw	==>	Dreimal *dw* wiederholen.
dd	==>	Gesamte Zeile unter dem Cursor löschen.
7dd	==>	Siebenmal *dd* wiederholen.
u	==>	Undo: Letzte Änderung rückgängig machen.

Die Beispiele *3dw* und *7dd* zeigen die Fähigkeit des *vi*, Wiederholungsfaktoren auszuwerten. Eine ausführliche Behandlung dieser *vi*-Eigenschaft geht über den Rahmen dieser kurzen Einführung hinaus. Als Vertiefung kann auf das Buch von Gulbins [GUL95] verwiesen werden.

Ein Suchen nach Textstellen kann nur im Kommandomodus erfolgen. Folgende Kommandos realisieren die Suche:

/String	==>	Vorwärts (und zyklisch) nach String suchen.
?String	==>	Rückwärts (und zyklisch) nach String suchen.
n	==>	Fortsetzung der Suche (next).

Das Suchen einer Textstelle (String) kann vorwärts oder rückwärts erfolgen und führt von der Cursorposition über das Dateiende bzw. den Dateianfang hinaus bis zur Ausgangsposition. Das heißt, dass immer der ganze Text durchsucht wird. Der Suchvorgang hält bei einem Treffer an und kann durch das *n*-Kommando fortgesetzt werden. Zum Abschluss dieser kurzen *vi*-Vorstellung soll noch eine kleine Auswahl nützlicher, nicht in die obigen Auflistungen passender Kommandos gegeben werden:

nG	==>	Goto: Den Cursor auf die Zeile Nummer n, bei fehlendem n auf die letzte Zeile, setzen.
J	==>	Join: Zwei Zeilen miteinander verbinden. Das entspricht dem Löschen des NEWLINE-Zeichens am Zeilenende, das im *vi* anders nicht gelöscht werden kann.
:!Cmd	==>	Das Shell-Kommando *Cmd* wird ausgeführt.
!!Cmd	==>	Das Shell-Kommando *Cmd* wird ausgeführt, und seine Ausgabe ersetzt die aktuelle Zeile (Cursor-Position).
:se nu	==>	Set Numbers: Die Zeilen der Datei werden mit vorangestellten Zeilennummern ausgegeben.

Zum *vi* kann eine sogenannte Startup-Datei namens *.exrc* angelegt werden. Das ist eine Textdatei, die *vi*-Kommandos enthält. Ist sie beim Aufruf des *vi* vorhanden, werden die in ihr enthaltenen Kommandos ausgeführt bevor dem Benutzer die Möglichkeit zum Editieren gegeben wird. Der Name dieser Datei ist nicht veränderbar. Der führende Punkt gehört zum Namen Als Alternative zu einer Startup-Datei kann mit Hilfe einer Variablen (vgl. Abschnitt 5.2) namens EXINIT der *vi* mit einer Anfangsparametrisierung versehen werden. Die Übungsaufgabe 2.2 enthält dafür ein Beispiel.

In Abbildung 8 ist eine Zusammenfassung der wichtigsten *vi*-Kommandos als Tabelle aufgeführt.

Verwendung	Kommando	Beispiel/ Ableitung	Bedeutung
Aufruf	**vi** *Datei*	***vi* sprüche**	Kopie der Datei in einen Arbeitspuffer
Beenden	**:w** **:q!** **ZZ**	*write* *quit* *Ende des Alphabets*	Rückschreiben des Arbeitspuffers auf die Platte Beenden des *vi* ohne Sicherung der Datei Sichern der Datei und Beenden des *vi*
Cursor positionieren	**w** *oder* **W** **b** *oder* **B** **^** **$** **1G** *n***G** **G** Ctrl **F** Ctrl **G**	*word* *backward* *go*	Vorwärts springen um ein Wort Zurück um ein Wort Zurück zum Zeilenanfang Zum Zeilenende springen Zum Anfang der Datei (gehe zu Zeile 1) Gehe zur n-ten Zeile Zum Ende der Datei Blättert eine Bildschirmseite vorwärts Blättert eine Bildschirmseite rückwärts
Wechsel in den Eingabemodus **Abschluss des Eingabemodus**	**A** **i** **R** **I** Esc	*append* *insert* *replace* *insert*	Anhängen am Zeilenende Einfügen vor dem Cursor Ersetzen ab Cursor Einfügen am Zeilenanfang Schließt die Eingabe ab und wechselt in den Kommandomodus
Löschen	**x** **d** *Objekt* **dd** *n***dd**	*durch-"x"-en* *delete* **dw** **dG** **3dd**	Löscht das aktuelle Zeichen, auf dem der Cursor steht Löscht das nachfolgende Objekt Löscht das nachfolgende Wort Löscht den nachfolgenden Text bis Dateiende Löschen einer Zeile Löschen von n Zeilen Löschen der nächsten 3 Zeilen
Rückgängig machen	**u** **:e!**	*undo*	Das letzte Kommando wird rückgängig gemacht Die Originaldatei wird ab letzter Sicherung in den Arbeitspuffer geholt, d.h. die im *vi* erfolgten Änderungen bleiben unberücksichtigt
Suchen in der gesamten Datei	/*Suchbegriff* ?*Suchbegriff*		Sucht nach dem Suchbegriff vorwärts durch die gesamte Datei Sucht nach dem Suchbegriff rückwärts durch die gesamte Datei
Korrektur-möglichkeit im Eingabemodus	Ctrl **H** Ctrl **w** Ctrl **x**		Löscht das zuletzt eingegebene Zeichen Löscht das zuletzt eingegebene Wort Löscht die zuletzt eingegebene Zeile

Abb. 8: Tabelle mit den häufigst benutzten *vi*-Kommandos

2.3 Weitere Kommandos und Werkzeuge

Kommandos

Die nächsten Kommandos zeigen, wie man sein Passwort ändert, wie man Dateien ausdruckt und wie Informationen über Benutzer, über Dateien oder über bestimmte Systemgegebenheiten abgerufen werden können. Mit dem Passwort wird der Zugang zum System geschützt. Das folgende Kommando erlaubt dem Benutzer, sein Passwort zu ändern. Aus Sicherheitsgründen sollte er dies öfter tun.

passwd

Passwort ändern (oder erstmalig setzen)

```
---> $ passwd            # Dialog mit dem Benutzer
```

Bei manchen Systemen ist es möglich, dass der Systemverwalter einen neuen Benutzer einträgt, ohne ihm sofort ein (erstes) Passwort zuzuweisen. Dann sollte sich der Benutzer möglichst schnell mit dem *passwd*-Kommando ein Passwort setzen. Neuere UNIX-Systeme lassen eine derartige Sicherheitslücke nicht mehr zu.

Nach einem erfolgreichen Editieren, oder allgemeiner nach dem Anlegen einer Datei, besteht häufig der Wunsch, ihren Inhalt auszudrucken.

lpr ,lp

Datei ausdrucken (Line Printer)

```
---> $ lpr Dateiname      # Systemverwalter fragen
                          # Berkeley UNIX
-->  $ lp Dateiname       # System V
```

Gerade beim Drucken existieren häufig weitere Möglichkeiten (*lp*, *spool*, usw.). Oft sind mehrere und ganz unterschiedliche Drucker ansprechbar, so dass das Druckkommando entsprechend parametrisiert werden muss. Es ist ratsam, beim Systemverwalter vorzusprechen.

Nach der Anmeldung beim System zeigt das *who*-Kommando an, wer ebenfalls gerade am Rechenbetrieb teilnimmt.

Beim System angemeldete Benutzer anzeigen:

who, who am i

```
---> $ who
     meier       tty02 Feb  12 09:25
     mueller     tty03 Feb  12 08:02
     schaffrath  tty07 Feb  12 07:32
     schmitt     tty12 Feb  12 08:41
```

Jede Zeile der *who*-Ausgabe entspricht einem Teilnehmer. Es soll hier erstmals auf diese (Text-)Zeilenorientierung der UNIX-Dienstprogramme hingewiesen werden. Die meisten von ihnen benutzen Zeilen als Verwaltungseinheiten. Das *who*-Kommando ordnet seine Ausgabezeilen in der Reihenfolge der Terminalnummern. Die Zeilen enthalten von links nach rechts den Benutzernamen, die Terminalnummer, den Monat und Tag sowie die Uhrzeit der Anmeldung in der Form Stunde:Minute. Das Kommando hat eine Ausprägung, die die Ausgabe auf den Aufrufer einschränkt.

```
---> $ who am i
     schaffrath    tty03 Feb   12 08:02
```

Durch die Textorientierung wird die Zusammenarbeit der UNIX-Dienstprogramme erleichtert. Das eine Kommando erzeugt eine Textdatei, die von einem anderen Kommando weiterverarbeitet wird (vgl. Abschnitt 4.3). Es ist oft hilfreich zu wissen, wie eine zu verarbeitende Textdatei aufgebaut ist. Das Shell-Kommando *wc* (*Word Count*) liefert zu einer Datei die Anzahl ihrer Zeilen Wörter und Zeichen. Unter einem *Wort* wird hier jede Zeichenfolge verstanden, die durch Leerzeichen, Tabulatorzeichen Zeilenanfang oder Zeilenende begrenzt wird.

wc

Zeilen, Wörter und Zeichen einer Datei zählen (Word Count)

```
---> $ wc Dateiname          # Linefeeds werden mitgezählt
     Zeilen Wörter Zeichen Dateiname

---> $ wc a.b                             # Beispiel
     5 36 121 a.b
```

Etwas allgemeineren Informationswert hat das Abrufen des aktuellen Datums und der Uhrzeit. Im Abschnitt 7.2 wird gezeigt, wie Teile dieser Information isoliert werden können, so dass man mit ihnen einzeln weiterarbeiten kann. Das date-Kommando liefert von links nach rechts den Wochentag, den Monat, den Tag im Monat, die Uhrzeit in Stunden:Minuten:Sekunden, die Zeitzone (MET: *Middle European Time*) und das Jahr.

date

Datum und Uhrzeit anzeigen

```
---> $ date
     Mon Feb  16 14:05:54 MET  2002
```

Eine Beschreibung der Shell-Kommandos zusammen mit weiteren Beschreibungen, wie zum Beispiel der Systemaufrufe steht standardmäßig *On-Line* zur Verfügung. Damit ist gemeint dass man unter anderem auf das UNIX-Handbuch (Manual) per Dienstprogramm zugreifen kann.

man

Abruf des On-Line-Manuals

```
---> $ man Suchbegriff

---> $ man man        # Info über das man-Kommando
---> $ man ls         # Info über das ls-Kommando
```

Um, besonders bei kleinen UNIX-Anlagen, Platz auf der Festplatte zu sparen, ist ein *On-Line-Manual* nicht immer vorhanden.

Manchmal existiert dafür eine Help-Funktion. Es ist ratsam, den Systemverwalter zu fragen. Das nächste Kommando dient ebenfalls, wenn auch nur in einer seiner Anwendungen, der Information des Benutzers. Es informiert indirekt über die Arbeit der Shell. Oberflächlich gesehen gibt es durch Leerzeichen getrennte Zeichenketten, die es als Parameter erhalten hat, durch je ein Leerzeichen getrennt auf dem Bildschirm aus.

echo

Ausgabe von Zeichenketten auf dem Bildschirm

```
---> $ echo Zeichenketten

---> $ echo    Dies   ist  ein     Beispiel.
     Dies ist ein Beispiel.
```

Dabei ist ohne Bedeutung, wie viele Leerzeichen in der Kommandozeile zwischen den Zeichenketten stehen, sie werden bei der Ausgabe auf je eines reduziert. Das *echo*-Kommando dient als Ausgabeanweisung für die im fünften Kapitel zu besprechenden Kommandoprozeduren. Weiterhin wird *echo*, wie jedes andere Kommando auch, erst ausgeführt, nachdem die Shell die ganze Kommandozeile gelesen und die eventuell darin enthaltenen Sonderzeichen ersetzt hat. Das heißt, dass man mit dem *echo*-Kommando prüfen kann, wie die Shell bestimmte Konstruktionen verändert, bevor ein Kommando gestartet wird. Das *echo*-Kommando schließt seine Ausgabe mit einem NEWLINE-Zeichen (ASCII, dezimal 10) ab, auch wenn die angegebenen Zeichenketten fehlen. Die folgende Variante des *echo*-Kommandos unterdrückt die Ausgabe dieses NEWLINE-Zeichens.

```
---> $ echo ' Zeichenketten\c'        # System-V

---> $ echo -n Zeichenketten          # BSD
```

Die beiden Hochkommata werden als Entwerter (Quotes) bezeichnet. Sie werden bei der System-V-Ausprägung wegen der *Backslash*-Kombination \c benötigt. Die Ausführungen zum Entwerten (von Sonderzeichen der Shell) sind etwas umfangreicher. Der Abschnitt 5.4 befasst sich ausschließlich mit diesem Thema.

Bei den BSD-Versionen wird kein \c als Teil der Zeichenketten benötigt. Dafür stehen die Zeichen -n davor. Die Hochkommata können hier fehlen, weil kein \c zu entwerten ist. Eine letzte, hier zu nennende Variante des *echo*-Kommandos besteht darin, als Argument eine zu einem ASCII-Zeichen gehörende Oktalzahl anzugeben.

Ausgabe von ASCII-Zeichen über ihren Oktalwert

```
---> $ echo '\0xyz'          # xyz ist der Oktalwert
---> $ echo '\0007'          # Ausgabe eines Piep-Tons
---> $ echo '\0130'          # Ausgabe des Zeichens X
```

Das *echo*-Kommando gibt dann das zugehörige ASCII-Zeichen aus. Zum Experimentieren ist die ASCII-Tabelle am Ende des Buchs nützlich. Eine Zahl wird vom *echo*-Kommando als Oktalzahl behandelt, wenn sie mit einem Backslash und der Ziffer Null beginnt. Im obigen Beispiel hätte die Angabe '\007' oder auch '\07' ausgereicht. Hingegen wäre '\7' nicht als oktal erkannt worden. In einem solchen Fall gibt *echo* die Zeichenkette unverändert aus.

```
---> $ echo '\7'             # Keine Oktalzahl
     \7
```

Man beachte auch hier die beiden Hochkommata, die wegen des Backslash-Zeichens erforderlich sind (vgl. Abschnitt 5.4). Die System-V- und die BSD-Version des echo-Kommandos sind hier identisch.

Werkzeuge (Tools)

Eine strenge Trennung zwischen Kommandos und Werkzeugen ist nicht sinnvoll und auch nicht durchführbar. Beide werden auf die gleiche Art und Weise benutzt, beide sind UNIX-Dienstprogramme. Man ist geneigt, von einem Kommando zu sprechen, wenn funktionale Aspekte überwiegen, und von

einem Werkzeug, wenn die Dialogorientierung überwiegt, oder die Parametrisierung komplexe Konstruktionen zulässt.
So zählt *who* zu den Kommandos und *vi* zu den Werkzeugen. Häufig nennt man ein und dasselbe Dienstprogramm manchmal Kommando und manchmal Werkzeug, je nachdem, wie man seine Benutzung im aktuellen Zusammenhang ansieht. Auch in dem vorliegenden Buch wird so verfahren. Die ersten Werkzeuge, die vorgestellt werden sollen, dienen der Kommunikation zwischen den Benutzern einer UNIX-Anlage, der Suche nach bestimmten Textmustern in Dateien und dem Sortieren von Dateien. Ziel dabei ist es, die typische Handhabung von UNIX-Werkzeugen kennen zu lernen. Mit dem ersten hier vorzustellenden Werkzeug werden die Kommunikationsdienste des UNIX-Systems angesprochen. Im einfachsten Fall kann ein Benutzer einem anderen, ebenfalls am Rechenbetrieb teilnehmenden Benutzer (auch sich selbst) eine Nachricht senden.

write

Nachricht an einen gerade aktiven Teilnehmer senden

---> $ write Benutzername
Zeilenweise Eingabe der Nachricht
...
CTRL/d

Der Benutzername wird, wenn er nicht bekannt ist, mit dem *who*-Kommando ermittelt. Mit dem *write*-Kommando kann nur ein gerade angemeldeter Benutzer erreicht werden. Die Nachricht wird zeilenweise übertragen. Jede Zeile wird mit der Eingabe-Taste abgeschlossen. Der Sendevorgang wird mit CTRL/d am Anfang einer neuen Zeile beendet. Eine alternative Vorgehensweise, bei der eine Nachricht wie eine Art Brief auf einer Textdatei vorbereitet und dann dem *write*-Tool übergeben wird, kann erst im Abschnitt 4.3 vorgestellt werden. Eine mit dem *write*-Kommando übertragene Nachricht gelangt beim Empfänger sofort und ohne Warnung auf den Bildschirm. Das wird häufig als störend und belästigend empfunden. Das folgende Kommando unterdrückt den Empfang von *write*-Nachrichten. Diese werden nicht zwischengespeichert und sind verloren. Der Sender erhält eine entsprechende Ablehnungsmeldung.

mesg

Empfang von Nachrichten unterdrücken/wieder zulassen

---> $ mesg n # y (Voreinstellung)

Neben dem *write*-Tool gibt es für UNIX-Benutzer eine weitere Möglichkeit, miteinander zu kommunizieren. UNIX stellt einen Briefpostdienst, einen sogenannten Mailbox-Service, zur Verfügung. Im Gegensatz zum *write*-Kommando muss bei einer Briefpost der Empfänger zum Zeitpunkt des Versendens nicht aktiv am Rechenbetrieb teilnehmen. Es genügt, dass er eine Benutzerkennung besitzt. Allerdings muss der Benutzername dem Sender bekannt sein. Der Ablauf des Versendens der Briefpost erfolgt zeilenweise wie beim *write*-Kommando und wird auf die gleiche Art durchgeführt. Einen Brief kann man auch an sich selbst schreiben. Im Gegensatz zum *write*-Kommando erscheint er nicht sofort auf dem Bildschirm des Empfängers, sondern wird in einem Briefkasten, das ist eine bestimmte Datei in einem bestimmten Dateiverzeichnis, abgelegt.

mail

Mailbox-Service: Brief an einen Teilnehmer senden

```
--->  $ mail Benutzername
      Zeilenweise Eingabe des Briefs
      ...
      CTRL/d
```

Erst bei der nächsten Anmeldung des Empfängers oder allgemeiner beim Wechseln der Shell erscheint auf dem Bildschirm die Meldung *you have mail.* Der Empfänger kann jetzt, ebenfalls mit dem *mail*-Kommando, seinen Briefkasten abfragen und bearbeiten. Allerdings sind seine Selektions- und Sperrmöglichkeiten in der Regel (da gibt es herstellerabhängige Varianten) gering.

Mailbox-Service: Abruf der Briefpost

```
--->  $ mail
      Ausgabe des letzten Briefs und Warten auf Mail-
      Kommandos

      d               ===>  Delete: Brief löschen und aus
                            dem Briefkasten entfernen
      s Dateiname     ===>  Save: Brief in der angegebenen
                            Datei ablegen und aus dem
                            Briefkasten entfernen
      CTRL/d          ===>  Mailbox-Service beenden
```

Wird das *mail*-Kommando ohne Argument aufgerufen, gibt es den zuletzt eingegangenen Brief aus und erwartet dann Eingaben (Mail-Kommandos) des Benutzers. Oben ist nur ein Ausschnitt aus den möglichen Mail-Kommandos angegeben.

Suchmuster

Ein wichtiges und häufig verwendetes UNIX-Werkzeug dient dazu, in Textdateien nach Mustern zu suchen. Mit diesem recht harmlos klingenden Anliegen begibt man sich auf ein umfangreiches Gebiet. Die UNIX-Dienstprogramme verwenden nämlich mehrere Arten von Suchmustern. Welche Art gerade benötigt wird, geht aus der jeweiligen Anwendung hervor. Allgemein gilt: Suchmuster (Patterns) sind Zeichenfolgen, die Sonderzeichen, das sind Zeichen mit einer Sonderbedeutung, enthalten können und die mit Zeichenfolgen ohne Sonderzeichen verglichen werden (Match). UNIX kennt drei Arten von Suchmustern, die in Syntax und Semantik zum Teil erheblich voneinander abweichen:

1. Text-Suchmuster (reguläre Ausdrücke) für Werkzeuge zur Textmuster-Verarbeitung. *grep* (siehe die folgenden Beispiele und Abschnitt 10.2) und *awk* (siehe Abschnitt 10.3) verwenden Text-Suchmuster.

2. Dateinamen-Suchmuster für Dateinamen-Expandierungen in Shell-Kommandos. Mit diesen Suchmustern wird zum Beispiel häufig das rm-Kommando parametrisiert, um mit einem einzigen Kommando-aufruf mehrere Dateien zu löschen (*rm *.**). Der Abschnitt 4.5 stellt diese Suchmuster vor.

3. String-Suchmuster für *case*-Verzweigungen der Shell. Diese werden erst im Abschnitt 8.5 behandelt.

Im folgenden wird anhand von Beispielen gezeigt, wie das UNIX-Werkzeug *grep* mit Hilfe von Text-Suchmustern arbeitet.

grep

Mit grep in einer Datei nach einem Muster suchen

---> $ grep ' Text-Suchmuster' Datei

Vor den Beispielen sind einige Hinweise angebracht:

1. Es können, durch Leerzeichen getrennt, mehrere Dateien angegeben werden. Sie werden in der angegebenen Reihenfolge durchsucht. Darauf wird im folgenden nicht weiter eingegangen.

2. Ausgegeben werden alle Zeilen der Datei, die das Suchmuster enthalten. Text-Suchmuster und insbesondere das *grep*-Tool werden im Kapitel 10 ausführlich behandelt.

3. In den Beispielen werden, wie schon einige Absätze zuvor beim *echo*-Kommando, Hochkommata als Entwerter verwendet. Weshalb sie erforderlich sind, kann erst im Abschnitt 5.4 erläutert werden.

4. Bei der Formulierung der Text-Suchmuster ist zu beachten, dass bei ihrer Auswertung die Umgebung des Suchmusters nicht berücksichtigt wird. Als zum Suchmuster passend (als Treffer) werden alle Zeilen angesehen, in denen das Suchmuster vorkommt.

5. Kein Suchmuster reicht über eine Zeilengrenze hinaus. Es ist nicht möglich, ein Text-Suchmuster zu formulieren dessen erster Teil zu einer anderen Zeile passt als sein zweiter Teil.

```
---> $ grep 'Meier' a.dat
```

Ausgegeben werden alle Zeilen der Datei namens a.dat, die Textstellen enthalten wie:

Meier
Meierling
Ober-Meier
Ober-Meiers

Das Text-Suchmuster *'Meier'* enthält keine Sonderzeichen. Das ist im nächsten Beispiel anders.

```
---> $ grep 'M[ea][iy]er' a.dat
```

Durch diesen Aufruf sind alle Zeilen von *a.dat* Treffer, die Textstellen enthalten wie:

Meier
Meyer
Maier
Mayer

Man beachte auch hier, dass über die Umgebung des Suchmusters keine Aussage gemacht wird. Die beiden Sonderzeichen *[und]* klammern eine Liste von Zeichen ein, zum Beispiel *[ea]*. Diese Klammerung bedeutet, dass eine Textstelle in der zu durchsuchenden Datei genau dann zum Suchmuster passt, wenn dort, wo im Suchmuster die Klammer steht, in der Textstelle eines der Zeichen aus der Klammer steht. Im obigen Beispiel heißt das, dass jede Zeile von *a.dat* ein Treffer ist, in der eine Zeichenfolge vorkommt, die mit einem *M* beginnt, dem ein *e* oder ein *a* folgt, dem wiederum ein *i* oder ein *y* folgt und die mit *er* endet. Auch das nächste Beispiel enthält ein Sonderzeichen. Es ist eine Verallgemeinerung der gerade vorgestellten Klammern.

```
---> $ grep '.eier' a.dat
```

Das Sonderzeichen Punkt in einem Text-Suchmuster steht für irgendein Zeichen, also nicht nur für solche, die explizit (durch Klammerung) angegeben sind. Im Beispiel werden alle Zeilen von *a.dat* angesprochen, die (unter anderem) eine Zeichenfolge enthalten, bei denen auf irgendein Zeichen die Zeichenfolge *eier* folgt:

Meier
Geier
Leier
feierlich

Das letzte Sonderzeichen, das in diesem Kapitel vorgestellt werden soll, wird häufig als verwirrend empfunden, weil es in anderen Zusammenhängen, insbesondere bei Kommandos zur Dateiverarbeitung, eine andere Bedeutung hat.

Man beachte, dass es jetzt ausschließlich um Text-Suchmuster geht.

```
---> $ grep ' Soo*!' a.dat
```

Das Sonderzeichen, von dem die Rede ist, ist das Sternchen. Alle anderen Zeichen (*S*, *o* und *!*) des Suchmusters sind keine Sonderzeichen. Das Sternchen ist bei den Text-Suchmustern, und nur bei ihnen, ein Wiederholungszeichen für das unmittelbar vorangehende Zeichen. Eine gewisse *Heimtücke* für den ungeübten UNIX-Benutzer liegt darin, dass die Wiederholungszählung bei Null beginnt und nicht bei Eins. Das Teilmuster *o** steht also für *gar nichts* (null mal *o*) oder für *o* (einmal *o*) oder für *oo* (zweimal *o*) usw. Das oben angegebene Text-Suchmuster passt zu allen Zeilen von *a.dat*, die Textstellen enthalten wie:

So!
Soo!
Sooo!
...

Man beachte, dass das Suchmuster *'So*!'* auch Zeilen mit *S!* zu Treffern gemacht hätte. Durch die Beispiele ist deutlich geworden, dass die Vorstellung von Werkzeugen, obwohl dies hier nur oberflächlich erfolgt ist, bereits wesentlich umfangreicher ist, als bei einfachen Kommandos. Viele Werkzeuge, *mail* gehört dazu, stellen eigene kleine Dialogsprachen, sogenannte *Little Languages*, für ihre Bedienung zur Verfügung. Einige dieser Sprachen reichen bis weit in den Einsatzbereich üblicher Programmiersprachen hinein. Das Werkzeug *awk*, das im Abschnitt 10.3 vorgestellt wird, ist dafür ein Beispiel.

Das letzte Werkzeug, das in dieser ersten kurzen Vorstellung behandelt werden soll, gestattet es dem Benutzer zwar nicht, einen Dialog mit ihm zu führen, erlaubt jedoch eine recht komplexe Parametrisierung. Es ist ein Werkzeug, das zum Standard-Repertoire eines jeden Betriebssystems gehört. Es sortiert Textdateien, und zwar zeilenweise. Das heißt, die Zeilen der Datei sind die Sortiereinheiten. Die Bewertung in jeder Zeile erfolgt von links nach rechts in ASCII-Reihenfolge (vgl. die ASCII-Tabelle am Ende des Buchs).

sort

Datei sortiert ausgeben

```
---> $ sort Dateiname          # Nur die Ausgabe ist sortiert
```

Es ist wichtig herauszustellen, dass die Datei selbst unverändert also unsortiert bleibt. Lediglich die Ausgabe auf dem Bildschirm erfolgt sortiert. Im Abschnitt 4.3 wird gezeigt, wie diese sortierte Ausgabe sehr einfach in einer Datei aufgefangen werden kann Das *sort*-Kommando gestattet eine Reihe von Modifikationen unter anderem folgende:

```
---> $ sort -u Dateiname      # Unique:
                              # Keine Mehrfachzeilen

---> $ sort -f Dateiname      # Groß- als Kleinschreibung
---> $ sort -r Dateiname      # Umgekehrte Sortierfolge
---> $ sort -b Dateiname      # Führende Blanks
                              # ignorieren
```

Einige UNIX-Werkzeuge, dazu gehört auch das *sort*-Tool, kennen einen zeilenbezogenen Feldbegriff. Damit ist gemeint, dass jede Zeile in Felder eingeteilt ist. Was ein Feld ist, wird durch sogenannte Feldtrenner bestimmt. Voreingestellt als Feldtrenner sind das Leer- und das Tabulatorzeichen. Jede Zeichenfolge, die durch Feldtrenner bzw. Zeilenanfang oder Zeilenende begrenzt ist, ist ein Feld. Eine ganz normale Textzeile wird durch Leerzeichen in Felder eingeteilt. Anschaulich ist dann jedes Wort ein Feld. Ist die Textdatei als Tabelle aufgebaut, deren Spalten durch Tabulatorzeichen ausgerichtet worden sind, dann ist jedes Spaltenelement einer Zeile ein Feld. In der Regel kann der Benutzer ein eigenes Feldtrennzeichen (manchmal auch mehrere) vereinbaren.

Viele UNIX-Verwaltungsdateien, beispielsweise die Passwort-Datei, die im Abschnitt 3.1 vorgestellt wird, benutzen einen Doppelpunkt als Feldtrenner. Dann sind Leerzeichen gültige Bestandteile von Feldern. Ein solches Feld kann beispielsweise die Vornamen einer Person aufnehmen und (atomare, unteilbare) Werte wie *Klaus Peter* enthalten. Beim *sort*-Kommando beginnt die Nummerierung der Felder bei Null.

Für die nächsten Beispiele stelle man sich eine Textdatei namens *a.txt* vor, die durch Tabulatorzeichen ausgerichtet und folgendermaßen aufgebaut ist (es könnte eine Adressdatei sein):

```
Müller Petra 1000 Berlin       28 4021736
Noack  Klaus 2000 Hamburg      18 8326601
Zuck   Otto  6700 Ludwigshafen 1  696337
...    ...   ...  ...          ... ...
```

Datei gemäss bestimmter Felder sortieren

```
---> $ sort +n -m Dateiname
                    # gemäß der Felder ab Nr. n
                    # (inklusiv) bis vor Nr. m;
                    # Zählung ab Nr. 0 beachten!

---> $ sort +2 -5 a.txt
                    # gemäß der Felder
                    # Nr. 2, 3 und 4:
                    # PLZ Ort Bezirk

---> $ sort +3 -4 a.txt
                    # gemäß Feld Nr. 3: Ort

---> $ sort +5 a.txt
                    # gemäß der Felder ab Nr. 5:
                    # Telefon

---> $ sort -2 a.txt
                    # gemäß der Felder 0 und 1:
                    # Name Vorname
```

Durch die Angabe von Feldnummern wird der Sortierbereich eingeschränkt. Für das nächste Beispiel lege man eine Datei namens *b.txt* zugrunde, deren Zeilen alle die Form *Meier:38:82536* haben. Die Felder könnten Name, Lebensalter und Jahresgehalt bezeichnen. Beim *sort*-Tool wird das Paar aus Leer- und Tabulatorzeichen als ein einziges Zeichen behandelt. Das folgende Beispiel zeigt, wie es durch einen eigenen Feldtrenner ersetzt werden kann.

```
---> $ sort -t: +1 -2 b.txt
                    # Feldtrenner ist der Doppelpunkt;
                    # sortiert wird gemäß Feld Nr. 1:
                    # Alter
```

Übungen

Die Übungen sind zweigeteilt. Der erste Teil setzt die Möglichkeit voraus, eine UNIX-Anlage praktisch benutzen zu können. Der zweite Teil besteht aus Verständnisfragen, die dem Leser eine Lernkontrolle ermöglichen.

Praktische Übungen

2.1 Man schreibe mit *write* und *mail* sich selbst und anderen.

2.2 Man erstelle, beispielsweise mit dem Editor *vi*, eine Datei mit dem Namen *.profile* (der führende Punkt gehört zum Namen) mit dem unten angegebenen Inhalt. Dann melde man sich ab und wieder an.

```
# Eine Datei .profile zum Experimentieren
#
EXINIT=' set nu'
export EXINIT          # Bis Abschnitt 5.5 ignorieren
mesg n
```

2.2a Ist jetzt der Empfang von Nachrichten mit *write* und *mail* noch möglich?

2.2b Hat sich am Erscheinungsbild des *vi* etwas verändert?

2.2c Was bewirkt die Existenz der Datei *.profile*?

2.3 Man erstelle eine Datei namens *telefon.dat* mit folgendem Aufbau:

```
Meier:39785
Meier Paul:444352
Schulze:39785
Kurth Peter:138877
Walther:197654
```

2.3a Man sortiere diese Datei nach Namen und nach Telefonnummern, und zwar vorwärts und rückwärts.

2.3b Man suche mit *grep* gezielt nach Namen und Telefonnummern, die ganz oder auch nur teilweise spezifiziert sind.

2.4 Prüfen Sie die Existenz Ihrer Dateien mit den Shell-Kommandos *ls*, *ls -l*, *ls -a* und *ls -al*.

2.4a Was fällt dabei bezüglich der Datei *.profile* auf?
2.4b Löschen Sie eventuell vorhandene überflüssige Dateien.

Verständnisfragen

2.5 Wie reagiert eine Shell, wenn sie das eingegebene Kommando nicht identifizieren kann?

2.6 Wozu dient ein zeilenorientierter Editor wie *ed*?

2.7 Welche Aufgaben hat das *echo*-Kommando?

2.8 Geben Sie ein Text-Suchmuster für das *grep*-Tool an, mit dem sowohl nach *color* als auch nach *colour* gesucht wird.

2.9 Wie sieht die Parametrisierung eines *sort*-Befehls aus, mit dem gemäß dem zweiten Feld (und nur diesem) rückwärts sortiert wird? Dabei sollen Leer- und Tabulatorzeichen Feldtrenner sein.

Hinweise auf den interaktiven Lehrgang auf CD-ROM

Zu dem Kapitel Werkzeuge und *vi* empfiehlt es sich, folgende Lektionen auf der CD-ROM zu bearbeiten:

- Überblick

- Philosophie
- Einführung in die Shell

- Grundlagen

- Der Account

- Dateisystem

- Dateioperationen

- Sonstiges

- Der Editor vi

3 Dateisystem

3.1 Dateien und Dateiverzeichnisse

Datei

Betriebssysteme speichern Daten dauerhaft auf Datenträgern wie Festplatten, Disketten und Magnetbändern. In den letzten Jahren sind optische Medien (*Compact Disc bzw. DVD*) hinzugekommen. Der Begriff *Datei* ist ein Konzept zur Verwaltung dieser Daten. Es befreit den Programmierer und insbesondere den Anwender von Kenntnissen über die konkreten physikalischen und elektro-technischen Eigenschaften der Datenträger und der zu ihnen gehörenden Geräte. Ein Programmierer lässt ein Programm, zum Beispiel einen Editor, in eine Datei schreiben ohne wissen zu müssen, dass seine Daten beispielsweise in den Sektoren 7, 8 und 9 der Spur 12 einer Diskette abgelegt werden. Er spricht Dateien und indirekt seine Daten mit einem Dateinamen an. Die Dateneinheit ist das *Byte*, ein Acht-Bit-Muster.

Dateiarten

Man sagt oft, dass UNIX nur ein einziges Dateiformat kenne: den Byte-Strom. Dabei fließen anschaulich die Bytes der Datei ohne jede Struktur (wie ein Strom) an den Werkzeugen vorbei. Eine nähere Betrachtung zeigt jedoch, dass UNIX zwischen sechs Arten von Dateien (Files) unterscheidet: Gewöhnliche Dateien, Dateiverzeichnisse (Directories), blockorientierte und zeichenorientierte Gerätedateien, FIFO-Dateien und Symbolische Links.

Das Shell-Kommando *ls* in der Ausprägung *ls -l* (*long*) gibt zu jeder Datei eines Dateiverzeichnisses eine Informationszeile aus Das jeweils erste Zeichen einer solchen Zeile gibt die Dateiart an.

ls

Dateiart anzeigen (Long Listing)

```
---> $ ls -l        # Bedeutung des ersten Zeichens jeder Zeile
     ...
     -rwxrwxrwx 1 schaffrath projekt1 289 Mar 21 12.34 a.txt
     ...
```

Das Zeichen auf der ersten Schreibstelle bedeutet:

- \- : Es ist eine Gewöhnliche Datei.
- d : Es ist ein Dateiverzeichnis (Directory).
- b : Es ist eine blockorientierte Gerätedatei.
- c : Es ist eine zeichenorientierte Gerätedatei.
- p : Es ist eine FIFO-Datei (eine Named Pipe).
- L : Es ist ein Symbolischer Link.

Directories

Dateiverzeichnisse (Directories) sind Dateien mit einem festen Format. Anschaulich sind es zweispaltige Tabellen. In einer Spalte stehen Dateinamen, in der anderen Verweise (Zeiger) auf die zugehörigen Dateien. Etwas genauer ausgedrückt, verweisen die Zeiger auf sogenannte *Inodes*. Diese Bezeichnung ist eine Verkürzung des Begriffs *Index Nodes*. Darunter versteht man kurzgefasste Dateibeschreibungen der folgenden Art.

Inode-Nummer: 13207
Besitzer UID: 139
...
Erzeugung am: 12.02.1993
um: 09:32
...
Lage auf der
Festplatte: Blöcke Nr.

In ihnen wird zum Beispiel festgehalten, wann eine Datei angelegt worden ist, wem sie gehört und wo genau auf der Festplatte sie zu finden ist. Systemnahe UNIX-Bücher befassen sich unter anderem mit der gezielten Manipulation von *Inodes* [BAC91][ROC91].

Eine UNIX-Besonderheit sind die Gerätedateien. Sie sind eingeführt worden, damit UNIX-Programmierer und UNIX-Anwender mit Geräten, wie zum Beispiel mit Bildschirmen oder Druckern, genau so arbeiten können wie mit Dateien. Bei dieser Betrachtungsweise ist ein Drucker tatsächlich eine spezielle Datei: Er verhält sich wie eine Datei, aus der man nicht lesen kann und die das, was hineingeschrieben wird, sofort vergisst. Der Vorteil dieser Betrachtungsweise liegt darin, dass für den Zugriff auf Geräte die gleichen Kommandos verwendet werden können wie für Dateien. Man beachte, dass es dabei natürliche Einschränkungen gibt. So ist ein Zugriff mit einem Editor auf einen Drucker sinnlos. Es gibt zwei technisch verschiedene Arten von Geräten: blockorientierte und zeichenorientierte. Blockorientiert sind in der Regel alle Massen-Datenträger wie Festplatten und Disketten (*Floppy Disks*). Ein Block ist traditionell ein ganzzahliges Vielfaches von 512 Bytes und stellt die Transporteinheit zwischen Datenträger und Hauptspeicher dar. Geräte wie Tastatur, Bildschirm und Drucker sind dagegen zeichenorientiert. Bei ihnen ist die Übertragungseinheit zwischen Gerät und Hauptspeicher jeweils ein Zeichen. Die beiden Gerätearten schlagen sich in zwei Dateiarten nieder. Es gibt blockorientierte und zeichenorientierte Gerätedateien. Ein Beispiel ist die zeichenorientierte Datei */dev/tty* (siehe weiter unten in diesem Abschnitt), die anstelle von Tastatur und Bildschirm angesprochen werden kann.

FIFO-Dateien

FIFO-Dateien sind Dateien mit einer besonderen Verwaltung. FIFO steht für First In First Out und meint, dass aus einer solchen Datei immer nur in genau der Reihenfolge gelesen werden kann, in der vorher hineingeschrieben worden ist, wobei das Gelesene aus der Datei entfernt wird. Es entsteht anschaulich das Verhalten einer Röhre (Pipeline), durch die Bytes hindurchfließen. Man spricht deshalb auch von Pipes, genauer von *Named Pipes*. Sie stellen einen Mechanismus dar, mit dessen Hilfe zwei Prozesse miteinander Daten austauschen können. In der Systemprogrammierung [BAC91] [ROC91] [BRE92] spricht man von Interprozesskommunikation. FIFO-Dateien stellen eine von mehreren Möglichkeiten zur Interprozesskommunikation dar.

Mit dem Begriff *Link* befasst sich der Abschnitt 3.3. Hier genügt es festzustellen, dass *Symbolische Links* Dateien für eine sehr spezielle Aufgabe sind.

Es sind jetzt Dateiverzeichnisse, Gerätedateien, FIFO-Dateien und Symbolische Links angesprochen worden. Alle anderen Dateien, wie zum Beispiel Textdateien, Objektdateien (mit Maschinensprache als Inhalt), Datenbankdateien usw. heißen bei UNIX

Gewöhnliche Dateien. UNIX verbindet mit ihnen keinerlei Struktur. Lediglich einzelne UNIX-Dienstprogramme interpretieren bestimmte Zeichen einer Datei als bestimmte Funktionen.

So sorgt beispielsweise nicht UNIX (der UNIX-Kern), sondern das *cat*-Kommando dafür, dass bei der Ausgabe einer Textdatei das ASCII-Zeichen LF (dezimal 010) als NEWLINE (gehe an den Anfang einer neuen Zeile) interpretiert wird.

Dateinamen

Bei UNIX-System-V sind Dateinamen bis zu 14 Zeichen lang. BSD-UNIX erlaubt sogar bis zu 256 Zeichen. Für Dateinamen können außer dem Nullbyte (ASCII, dezimal 0) und dem Schrägstrich (ASCII, dezimal 47) alle Zeichen des ASCII-Zeichenvorrats verwendet werden. Man siehe dazu die ASCII-Tabelle am Ende des Buchs. Es ist zulässig, jedoch nicht ratsam, nicht sichtbare Zeichen zu verwenden. Dasselbe gilt für Zeichen, die die Shell zu besonderen Handlungen veranlassen. Dazu gehört zum Beispiel das Sternchen (ASCII, dezimal 42), das die Shell mit Dateinamen in Verbindung bringt. Jedes Zeichen darf gehäuft auftreten. Von dieser Namenskonvention gibt es genau eine Ausnahme. Das ist eine sehr spezielle Datei, genauer gesagt ist es ein Dateiverzeichnis, das *Root* genannt und als / (Schrägstrich) geschrieben wird. Seine Funktion wird in Kürze erklärt werden.

Extension

Wenn ein Dateiname wenigstens einen Punkt enthält, dann heißt der Teil des Namens rechts vom rechtesten Punkt *Dateinamenerweiterung* oder *Extension.* Es gibt Tools wie z.B. Compiler, die Dateien mit einer bestimmten Extension erwarten oder auch erzeugen. Beispielsweise gibt es FORTRAN-Compiler, die davon ausgehen, dass die Dateien, die sie übersetzen sollen, die Extension *.f* wie in *a1.f* haben. In diesem Fall braucht man beim Aufruf des Compilers den Punkt und die Erweiterung nicht anzugeben, was den Schreibaufwand etwas reduziert. Das Ergebnis ihrer Übersetzung legen diese Compiler in der Regel in einer Datei mit der Extension *.o* wie in *a1.o* ab.

Versteckte Dateien

Dateien, deren Name mit einem Punkt beginnt, heißen unsichtbar oder versteckt, weil sie vom *ls*-Kommando nicht angezeigt werden. Eine aus der Übung 2.2 bekannte unsichtbare Datei ist *.profile*, deren Kommandos bei einer Anmeldung beim System automatisch abgewickelt werden, bevor der Benutzer seine Arbeit aufnehmen kann.

Die Unsichtbarkeit ist mehr symbolischer Natur, da das *ls*-Kommando in der folgenden Ausprägung alle, auch die versteckten, Dateien anzeigt.

ls -a

```
---> $ ls -a          # Zeigt auch versteckte Dateien an
```

Verzeichnis-Struktur

Dateiverzeichnisse enthalten Namen anderer Dateien. Das UNIX-Dateisystem beginnt mit einem Dateiverzeichnis namens / (Root). In ihm sind Dateinamen, in der Regel auch solche von Dateiverzeichnissen, eingetragen. Jedes Dateiverzeichnis kann die Namen von Dateiverzeichnissen enthalten. Theoretisch sind zyklische Eintragsfolgen möglich. Die UNIX-Verzeichnis-Struktur ist jedoch hierarchisch aufgebaut. Im Abschnitt 3.3 wird gezeigt, dass die Verzeichnis-Struktur kein *Baum* ist, wie man auf den ersten Blick vermuten könnte, und wie es vielleicht von MS-DOS her bekannt ist.

Beim Aufbau des Dateisystems hat der Systemverwalter im Prinzip große Freiheiten, wie er die Verzeichnis-Struktur gestaltet. Allerdings verlangen viele UNIX-Werkzeuge und viele kommerziell verfügbare Programme das Vorhandensein bestimmter Dateiverzeichnisse.

Die Abbildung 9 zeigt einen Ausschnitt aus einer typischen UNIX-Verzeichnis-Struktur:

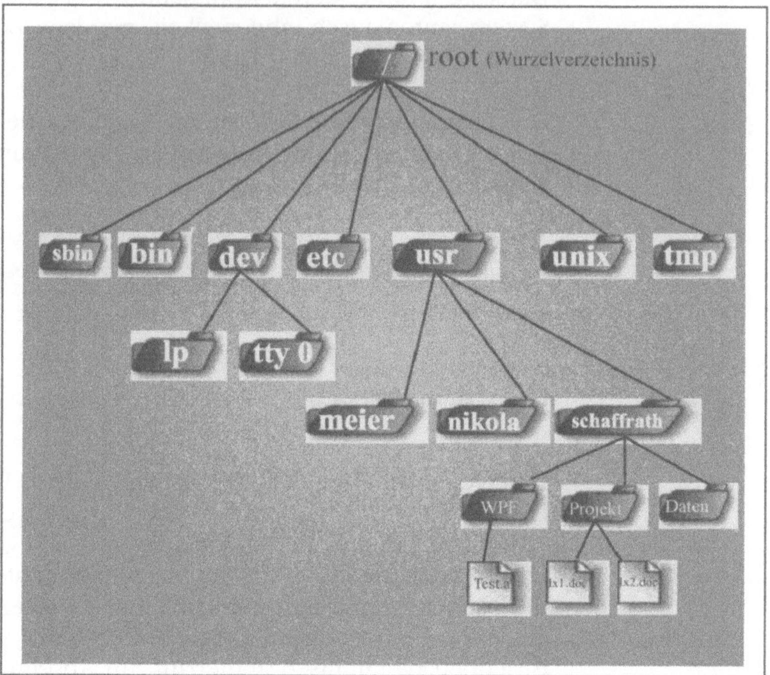

Abb. 9: Teil einer hierarchischen Verzeichnis-Struktur

Einige Beispiele sollen den Inhalt der angegebenen Dateiverzeichnisse zeigen:

/ enthält unter anderem eine ausführbare Datei, die *unix* (System-V) oder *vmunix* (BSD) heißt. Das ist der UNIX-Kern, der beim Einschalten des Rechners geladen und ausgeführt wird.

usr enthält die Heimat-Verzeichnisse (*Home Directories*) der Benutzer (der Begriff *Home Directory* wird in Kürze erläutert) und ein Unterverzeichnis mit ausführbaren Dateien für Dienstprogramme wie zum Beispiel *vi, pg, tr, man* und *awk*.

bin (Bei System-V heißt es *sbin* und *bin* ist ein Symbolischer Link auf *sbin* (vgl. Abschnitt 3.3) enthält ausführbare Dateien für Kommandos wie beispielsweise *cat, cp, date, echo, grep, ls, mv* und *rm*. Die Aufteilung der Kommandos zwischen *bin* und dem oben genannten Unterverzeichnis von *usr* erfolgt pragmatisch. Wenn zwei Plattenlaufwerke zur Verfügung stehen, wird oft *bin* auf einem und das Unterverzeichnis von *usr* auf dem anderen angelegt. Bei Plattenfehlern kann der Systemverwalter dann wenigstens noch auf einen Teil seiner Werkzeuge zugreifen. *bin* hat auch Unterverzeichnisse. Beispielsweise befinden sich in */usr/bin/X11* alle zum X-Window-System gehörenden Dateien.

dev enthält alle Gerätedateien. Zwei dieser Dateien sind von besonderem Interesse. Das ist zum einen eine Datei namens *tty*, die für das jeweilige Terminal (Tastatur und Bildschirm) steht, und zum andern eine Datei namens *null*, die oft als das leere Gerät bezeichnet wird. Sie wird beispielsweise verwendet, um unerwünschte Ausgaben zu unterdrücken (vgl. dazu Abschnitt 4.3).

etc enthält Verwaltungsdateien wie beispielsweise die Passwort-Datei *passwd*. Das ist eine Textdatei, die bei jeder Anmeldung beim System benötigt wird. Man verwechsle sie nicht mit dem gleichlautenden Kommando zum Ändern (und Setzen) des Passwortes.

Pfadnamen

Das Beispiel mit der Passwort-Datei und dem Passwort-Kommando zeigt eine Problematik auf, denn auch das Passwort-Kommando liegt als Datei vor. Wie aber kann man die beiden namensgleichen Dinge, die Textdatei *passwd* und die Kommando-Datei *passwd*, auseinanderhalten? Die Antwort liegt in der Feststellung, dass in der UNIX-Verzeichnis-Struktur Pfade vom Root-Verzeichnis zu einzelnen Dateien immer eindeutig sind. Dateien im UNIX-Dateisystem werden durch Pfadnamen, durch die Angabe von Wegen in der Verzeichnis-Struktur, eindeutig identifiziert. Jede Station auf diesem Weg wird von ihrem Vorgänger durch einen Schrägstrich getrennt, außer der Vorgänger ist Root.

Beispiel: /etc/passwd
Von *Root* über *etc* zur Datei *passwd* (Passwortdatei).

/bin/passwd
Von *Root* über *bin* zur Datei *passwd* (Kommandodatei).

Durch die Angabe von Pfadnamen können die beiden Dateien nicht verwechselt werden. Die Textdatei mit den Angaben über den Benutzer heißt */etc/passwd* und das Programm zum Ändern des Passworts */bin/passwd*. Man beachte, dass der Schrägstrich zwei Bedeutungen hat. Steht er ganz am Anfang eines Pfadnamens, dann bezeichnet er Root, das Ausgangsverzeichnis der Verzeichnisstruktur. Steht er nicht am Anfang eines Pfadnamens, so trennt er zwei Komponenten voneinander. Man nennt einen Pfadnamen *absolut*, wenn er bei Root beginnt. So ist */usr/schaffrath/a.c* ein absoluter Pfadname.

Auch ein relativer Pfadname beschreibt einen Weg durch die Verzeichnis-Struktur. Allerdings beginnt er nicht bei Root. Wo er beginnt, wird im nächsten Absatz behandelt. Beispielsweise ist *a.c* ein relativer Pfadname.

Aktuelles Dateiverzeichnis

UNIX bezieht alle relativen Pfadnamen auf ein anwenderspezifisches Verzeichnis. Es heißt *aktuelles Verzeichnis* oder *Working Directory*. Es kann vom Benutzer geändert werden. In wenigen Absätzen wird gezeigt, wie das geht. Angenommen, das aktuelle Verzeichnis sei */usr/schaffrath*. Dann bezieht sich der Befehl cat a.b auf die Datei */usr/schaffrath/a.b*. Das ist genauso, als hätte man geschrieben:

cat /usr/schaffrath/a.b

Viele Shell-Kommandos akzeptieren Pfadnamen als Parameter wenn Dateien angesprochen werden sollen. Da Kommandos meist im aktuellen Verzeichnis arbeiten, wird bei ihrer Beschreibung häufig von Dateinamen gesprochen, wo eigentlich allgemeiner Pfadnamen gemeint sind. Wenn dies nicht zu Irritationen führt, wird hier auch so verfahren.

Kommandos akzeptieren Pfadnamen (Beispiel)

```
---> $ cat a.txt             # Im aktuellen Verzeichnis
---> $ cat /etc/passwd       # Mit Pfadname
```

Heimat-Dateiverzeichnis

Für jeden Benutzer wird, sobald er sich beim System anmeldet ein Heimat- oder Ausgangs-Dateiverzeichnis, ein sogenanntes *Home Directory*, gesetzt. Welches Verzeichnis dafür verwendet wird, ist in der Datei */etc/passwd* angegeben. Diese Textdatei enthält für jeden Benutzer, der berechtigt ist am Rechenbetrieb teilzunehmen, eine Zeile. Alle Zeilen sind so aufgebaut, wie es das folgende Beispiel zeigt.

meier:nf7klw4v2x:15:1::/usr/mueller:/bin/sh

Die Zeilen sind in Felder gegliedert, wobei der Doppelpunkt Feldtrenner ist. Die Felder haben folgende Bedeutung:

1) Benutzername,
2) Verschlüsseltes Passwort
3) Benutzernummer (UID, User Identity),
4) Gruppennummer (GID, Group Identity),
5) Kommentarfeld (hier leer),
6) Heimatverzeichnis,
7) Programm, das beim Login gestartet werden soll (Shell).

Das Heimat-Dateiverzeichnis eines Benutzers ist als sechstes Feld angegeben. Der Systemverwalter, der auch Superuser genannt wird, hat den Benutzernamen *root*, die Benutzernummer Null und das Heimatverzeichnis / (Root), die Wurzel des Dateisystems. Die letzten beiden Felder einer Zeile der Datei */etc/passwd* spezifizieren das Heimatverzeichnis und das Kommando, das sofort nach der Anmeldung beim System zu starten ist. In der Regel ist dies eine Shell, hier eine Bourne-Shell, was an ihrem Namen *sh* erkennbar ist. C-Shells heißen *csh* bzw. tcsh und Korn-Shells *ksh*.bzw. bash.

/etc/shadow

Dass das Passwort, wenn auch in verschlüsselter Form, sichtbar ist, wird als Sicherheitslücke angesehen. Neuere UNIX-Systeme (System-V ab Release 4) verwenden für die verschlüsselten Passwörter eine eigene Datei namens */etc/shadow*, die nur von Programmen gelesen werden kann, die der Superuser gestartet hat. Das entsprechende Feld in der Datei */etc/passwd* enthält dann einen Platzhalter. Benutzer werden intern nicht durch ihren Namen in Form einer Zeichenkette, sondern durch Zahlen verwaltet. Zwei Zahlen treten dabei auf: Eine im System eindeutige Benutzernummer (UID) und eine Gruppennummer (GID), weil jeder Benutzer einer Arbeitsgruppe, gegebenenfalls einer einelementigen, zugeordnet werden muss.

Das Shadow-Paket beinhaltet ein alternatives oder sekundäres Authentifizierungsprogramm Die Information, die dieses Programm spezifizieren, werden (wie im unten angegebenen Fallbeispiel zu sehen), im Passwort-Feld in */etc/shadow* (4.Position) anstelle oder als Ergänzung des verschlüsselten Passworts eingetragen:

willy:@/sbin/auth2:8129:0:120:14::0:
hannes:XXX&TR$9(S3uzT:@/sbin/auth2:8230:0:240:21::0:

Bei den Benutzern *willy* und *hannes* wird das sekundäre Authentifizierungsprogramm /etc/auth2 (eingeleitet durch das Zeichen @) ausgeführt. Bei dem Benutzer *willy* wird dies als einzige Authentisieurngsmethode verwendet, bei *hannes* wird des ausgeführt, nachdem dieser Benutzer sein Passwort eingegeben hat. Das verschlüsselte Passwort und die Information zum sekundären Authentisierungsprogramm sind bei *hannes* Eintrag durch ein Semikolon getrennt.

Kommandos zur Verzeichnis-Struktur

Während der Anmeldung beim System wird das aktuelle Verzeichnis auf den gleichen Wert wie das Heimatverzeichnis gesetzt. Davon kann man sich mit dem folgenden Kommando überzeugen, das stets das aktuelle Verzeichnis anzeigt.

pwd

Aktuelles Verzeichnis anzeigen (Print Working Directory)

```
---> $ pwd
```

Zum Vergleich kann man das Heimatverzeichnis mit dem *grep*-Kommando aus der Passwortdatei herausfiltern.

Heimatverzeichnis aus /etc/passwd herausfiltern

```
---> $ grep 'Benutzername' /etc/passwd
```

Das aktuelle Verzeichnis ist einfach zu wechseln. Mit dem folgenden Kommando kann man sich anschaulich in der Verzeichnis-Struktur *bewegen*.

cd

Aktuelles Verzeichnis wechseln (Change Directory)

```
---> $ cd Directory        # Absoluter oder relativer
                           # Pfadname

---> $ cd                  # Zurück zum Home Directory
```

Benutzer können Dateiverzeichnisse einrichten und löschen und auf diese Art die Verzeichnis-Struktur verändern.

mkdir

Dateiverzeichnis erzeugen (Make Directory)

```
---> $ mkdir Verzeichnisname   # Verzeichnis
                               # erzeugen mit
                               # absolutem oder
                               # relativem Pfadnamen
```

rmdir

Dateiverzeichnis löschen (Remove Directory)

```
---> $ rmdir Verzeichnisname   # Verzeichnis
                               # muss leer sein
```

Punkt- und Punkt-Punkt-Verzeichnisse

Es gibt keine leeren Dateiverzeichnisse. Zwei Einträge werden automatisch bereits beim Anlegen (mit *mkdir*) dort eingetragen und die beiden können daraus auch nicht entfernt werden. Wenn beim *rmdir*-Kommando gesagt wurde, das Verzeichnis müsse leer sein, um gelöscht werden zu können, dann ist damit gemeint, dass keine Einträge außer diesen beiden dort enthalten sein dürfen.

Es handelt sich um zwei Dateiverzeichnisse mit den Namen

. Punkt und
.. Punkt-Punkt.

Der Name *Punkt* ist ein Synonym für das jeweilige aktuelle Verzeichnis, und der Name *Punkt-Punkt* steht für das unmittelbar übergeordnete Verzeichnis in der Verzeichnis-Struktur. Ist beispielsweise */usr/schaffrath* aktuelles Verzeichnis, dann steht *Punkt* für */usr/schaff*rath und *Punkt-Punkt* für */usr*. Das folgende Kommando verlegt das aktuelle Verzeichnis um eine Stelle in der Verzeichnishierarchie nach oben.

Wechsel zum übergeordneten Dateiverzeichnis

```
---> $ cd ..
```

Im höchsten Verzeichnis, das ist Root, bezeichnen sowohl. als auch .. ein und dasselbe Verzeichnis, nämlich Root selbst. Das ist auch die einzige Ausnahme.

Das Copy-Kommando *cp* ist im Abschnitt 2.2 in der Form *cp alte_Datei neue_Datei* vorgestellt worden. Das Kommando hat eine zweite Ausprägung, bei der Dateien in ein bestimmtes Verzeichnis kopiert werden.

Copy-Kommando: zweite Ausprägung

```
---> $ cp Pfadname(n) Verzeichnis

---> $ cp /usr/meier/a.txt .    # In das aktuelle
                                # Verzeichnis
                                # kopieren
```

Nach Dateien in der Verzeichnis-Struktur suchen

Es ist eine recht häufige praktische Aufgabe, eine Datei, deren Name man kennt, in der Verzeichnishierarchie zu lokalisieren. Das *find*-Kommando leistet hier wertvolle Hilfe. Die Suche beginnt bei dem angegebenen Verzeichnis und erstreckt sich über die hier beginnende Teilhierarchie nach unten.

find

Nach Dateien in der Verzeichnis-Struktur suchen

```
---> $ find Directory -name Dateiname -print
                                   # Ab Directory

---> $ find . -name a.txt -print   # Ab Working
                                   # Directory nach
                                   # a.txt suchen
```

Die Angabe *-print* lässt vermuten, dass das *find*-Kommando weitere Ausprägungen hat. Das ist tatsächlich der Fall. Eine Vertiefung geht jedoch über den Rahmen dieser Einführung hinaus. Sie findet sich zum Beispiel bei Gulbins [GUL95].

3.2 Zugriffsrechte

Benutzerarten und Zugriffsarten

Der Dateischutz, den UNIX realisiert, berücksichtigt zum einen, dass es für jede Datei unterschiedliche Arten von Benutzern gibt, und zum andern, dass auf eine Datei auf unterschiedliche Arten zugegriffen werden kann. UNIX unterscheidet drei Benutzer- und drei Zugriffsarten. Zu jeder Datei gibt es genau einen Besitzer, im folgenden *Owner* genannt. Dieser ist in der Regel auch der Erzeuger der Datei. Der Fall, dass Dateien ihren Besitzer wechseln, soll hier nicht behandelt werden. Der Besitzer einer Datei gehört als UNIX-Benutzer zu einer Arbeitsgruppe, er hat eine Gruppenkennung (GID). Was im folgenden kurz *Gruppe* oder *Group* genannt wird, ist der Rest dieser Arbeitsgruppe ohne den Besitzer der Datei. Als letzte Benutzerart gibt es noch alle anderen Benutzer außer den bereits genannten. Im folgenden heißen diese die *Others*. Folgende Buchstabenkürzel werden verwendet:

Benutzerarten:	Owner	u	(genau eine Person),
	Group	g	(Null oder mehr Personen, ohne den Owner),
	Others	o	(i.d.R. mehrere Personen).

Auf eine Datei kann lesend oder schreibend zugegriffen werden. Das sind zwei unterschiedliche Zugriffsarten. Enthält die Datei ein ausführbares Programm, so kann man es laden und zur Ausführung bringen. Man kann auf eine solche Datei ausführend zugreifen. Ist die Datei ein Dateiverzeichnis, werden die Zugriffsarten folgendermaßen interpretiert: Ein Verzeichnis zu lesen bedeutet, seine Einträge zu vergleichen. Es zu beschreiben heißt, dass man Einträge in ihm erzeugt (z.B. indem man mit dem *vi* eine Datei anlegt) oder löscht (z.B. mit *rm*). Ein Dateiverzeichnis auszuführen macht keinen Sinn. Dafür gibt es hier eine andere Art des Zugriffs. Man kann ein Verzeichnis mit dem *cd*-Kommando betreten, um ein Listing anzufertigen (*ls*) oder um ein Unterverzeichnis zu erreichen. Dazu muss man auf die Einträge des Verzeichnisses zugreifen können. Dieser Zugriff kann geschützt werden. Für die Zugriffsarten werden folgende Abkürzungen verwendet:

Zugriffsart	**Datei**	**Dateiverzeichnis**
r: read	lesen	Einträge vergleichen
w: write	schreiben	Einträge erzeugen und löschen
x: execute	ausführen	Verzeichnis betreten, auf Einträge zugreifen

Zum Löschen von Dateien ist eine Bemerkung angebracht. Wenn man eine Datei beschreiben darf, dann kann man sie mit Leerzeichen füllen. Das ist eine Art von Löschen. Will man löschen, so dass ihr Name nicht mehr im Verzeichnis vorkommt, dann ist das keine Operation auf der Datei, sondern auf dem Dateiverzeichnis, in dem sie eingetragen ist. Es ist wichtig festzustellen, dass Zugriffsrechte einzig und allein (abgesehen vom Systemverwalter) vom Besitzer einer Datei vergeben und entzogen werden können. Der Besitzer einer Datei ist für das, was mit ihr erlaubt sein soll, selbst verantwortlich.

Schutzcode

Die drei Zugriffsrechte werden jeweils für jede Benutzerart getrennt angegeben. Offensichtlich genügt ein Muster von neun Bits (drei Benutzerarten mit je drei Zugriffsarten) für jede Datei. Der besseren Lesbarkeit wegen wird die Zugriffsart nicht mit 0 oder 1 angegeben, sondern durch das oben genannte Buchstabenkürzel, wenn das entsprechende Recht vorliegt, oder durch einen Bindestrich, wenn es nicht vorliegt.

Das Neun-Bit-Muster heißt *Schutzcode* der Datei und ist in der Reihenfolge Owner, Group und Others angegeben, wobei innerhalb jeder Benutzer-Kategorie die Reihenfolge read, write und execute gilt. Anschaulich:

In der Praxis sind die Kürzel nicht voneinander getrennt, so dass man die Dreiergruppen auszählen muss. Mit

rw-r--r--

ist eine Datei so geschützt, dass der Besitzer sie lesen und beschreiben, jedoch nicht ausführen kann. Jedes Mitglied der Gruppe (der Besitzer gehört nicht dazu) darf die Datei lesen und nur lesen. Dasselbe gilt für Benutzer, die zu den Others gehören. Mit dem Kommando *ls -l* kann man sich den Schutzcode der Dateien anzeigen lassen. Man beachte die etwas unschöne Ausgabe, die unmittelbar vor dem Schutzcode auf der ersten Ausgabeposition die Dateiart anzeigt. Eine Gewöhnliche Datei wird mit einem Bindestrich gekennzeichnet, der jedoch nichts mit dem Schutzcode zu tun hat. Dieser beginnt erst auf der zweiten Position.

```
--->  $ ls -l
      ...
      -rw-r-----  1  mueller  projekt1  289  Mar  21  12.34  a.txt
      ...
```

Es handelt sich um eine Gewöhnliche Datei, erkennbar am einleitenden Bindestrich. Der Besitzer hat Lese- und Schreibrecht (rw-), die Mitglieder der Gruppe haben nur Leserecht (r--), alle anderen haben keine Rechte (---). Die darauf folgende Zahl 1

gibt die Zahl der Verweise auf diese Datei an. Das wird im nächsten Abschnitt (3.3) behandelt werden. Bis auf diese Zahl sind die anderen Teile der *ls*-Ausgabe bereits jetzt verständlich. Die Datei gehört dem Benutzer *mueller,* der Mitglied der Arbeitsgruppe *projekt1* ist. Die Datei ist 289 Bytes groß, was durch das bereits bekannte *wc*-Kommando bestätigt werden könnte.
Auf sie ist am 21. März dieses Jahres um 12.34 Uhr zum letzten Mal verändernd zugegriffen worden. Am Ende der Zeile steht der Dateiname.

Ändern der Zugriffsrechte

Der Besitzer einer Datei (und abgesehen vom Systemverwalter nur er) kann die Zugriffsrechte ändern. Benutzt wird das *chmod*-Kommando, das in einer etwas umständlichen relativen und in einer knappen absoluten Schreibweise benutzt werden kann. Vorgestellt wird hier die absolute Schreibweise. Für die andere sei auf Gulbins [GUL95] verwiesen. Bei jeder Benutzer-Kategorie (u,g,o) kann jedes Zugriffsrecht durch genau ein Bit formuliert werden. Hat z.B. der Besitzer alle Rechte, so sind alle drei zugehörigen Bits gesetzt. Das ist das Bitmuster 111. Jedes dreistellige Bitmuster wiederum kann als Oktalzahl geschrieben werden. 111 ist die Oktalzahl 7.

chmod

Zugriffsrechte einer Datei ändern

```
--->  $ chmod Modus Datei      # Modus sind drei
                               # Oktalzahlen,
                               # je eine für u, g und o

--->  $ chmod 740 a.txt        # Beispiel
----------------------------------------------------------
u:   7 : 111 : rwx      Alle Rechte für den Besitzer
g:   4 : 100 : r--      Nur Leserecht für die Gruppe
o:   0 : 000 : ---      Kein Recht für die Others
```

3.3 Verweise (Links) auf Dateien

Verzeichnis-Struktur als azyklischer Graph

Ein Eintrag in einem Dateiverzeichnis besteht aus einem Dateinamen und einem Zeiger auf eine Dateibeschreibung (Inode), in der unter anderem aufgeführt ist, wo auf dem Datenträger sich die Datei befindet. Ein Verzeichniseintrag ist also lediglich ein Verweis, man sagt dazu ein *Link*, auf eine Datei.

Damit besteht die Möglichkeit, einen derartigen Verweis in mehr als ein Verzeichnis aufzunehmen. Eine Datei, die physikalisch nur einmal vorhanden ist, ist dann in mehreren Verzeichnissen eingetragen. Abbildung 10 zeigt ein Beispiel für eine Datei, die in zwei Verzeichnissen eingetragen ist. In der graphischen Darstellung sind Dateiverzeichnisse mit, Gewöhnliche Dateien ohne Ordner angegeben.

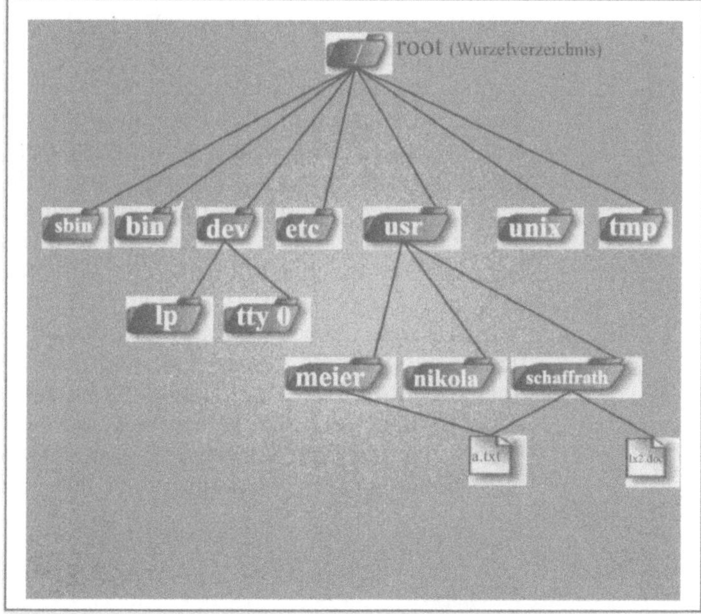

Abb. 10: Eine Datei (a.txt) ist in zwei Verzeichnissen eingetragen

Eine typische Anwendung ist eine Datei, die von mehreren Anwendungsprogrammen gemeinsam genutzt und von jedem als ihm gehörend angesehen wird. Häufig werden Verweise auf besonders wichtige Dateien in einem besonderen Verzeichnis aus Sicherungsgründen geführt, um beim Arbeiten mit ihnen ein unbeabsichtigtes Löschen zu verhindern. Verweise können leicht zu zyklischen Verzeichnisstrukturen führen. Es ist deshalb festgelegt worden, dass nur Dateien, die keine Verzeichnisse sind, mehrfache Links aufweisen können. Bei einigen UNIX-Versionen ist diese Einschränkung für den Systemverwalter aufgehoben. Wegen der Möglichkeit mehrfacher Links ist das UNIX-Dateisystem kein Baum. Es ist ein zusammenhängender, azyklischer Graph. Bei einem Baum führt von jedem Knoten zu jedem anderen genau ein Weg, was im UNIX-Dateisystem, wie die Abbildung 10 zeigt, nicht der Fall sein muss. Zu *a.txt* in Abbildung 10 führen die Wege */usr/schaffrath/a.txt* und */usr/meier/a.txt*.

Zusätzlichen Link einrichten

Beim Erzeugen einer Datei, z.B. durch einen Editor, wird diese in ein Verzeichnis, in der Regel in das aktuelle, eingetragen. Damit gibt es einen ersten Verweis auf diese Datei. Für eine bereits existierende Datei können weitere Verweise eingerichtet werden. Es ist bemerkenswert, dass ein zusätzlicher Verweis auch eingerichtet werden kann, wenn kein Schreibrecht für die Datei vorliegt. Allerdings muss die Datei erreichbar sein, d.h., dass das x-Bit in allen Verzeichnissen im Pfad gesetzt sein muss. Für das Verzeichnis, in dem der Verweis eingetragen werden soll, muss Schreibrecht (w-Bit) vorhanden sein. Im Abschnitt 3.2 war bei der Beschreibung der Ausgabe des *ls*-Kommandos darauf aufmerksam gemacht worden, dass ein Benutzer die Zahl der Verweise auf seine Dateien kontrollieren kann. Allerdings kann er nicht erkennen, von wo und vom wem sie stammen. Wenn man sich die Verweise als *Pfeile* vorstellt, dann sieht man nur die Pfeilspitzen, man kann die Pfeile nicht zurückverfolgen.

ln

Zusätzlichen Link einrichten

```
---> $ ln Dateiname Directory          # Pfadnamen
---> $ ln /usr/schaffrath/texte/a.txt /usr/mueller
```

Der obige Befehl richtet für die angegebene Datei, die bereits vorhanden sein muss, im angegebenen Verzeichnis, das ebenfalls bereits existieren muss, einen zusätzlichen Verweis auf die Datei ein. Es gibt eine Modifikation dieses Kommandos, mit dem ein zusätzlicher Verweis auf eine Datei im aktuellen Verzeichnis gesetzt beziehungsweise einer Datei ein weiterer Name im gleichen Verzeichnis gegeben werden kann.

Link-Kommando: zweite Version

```
---> $ ln Dateiname [zweiter Name]
---> $ ln /usr/mueller/b.txt     # Ins aktuelle Verzeichnis
---> $ ln b.txt brief.txt        # Zweiter Name für b.txt
```

Die Schreibweise mit den eckigen Klammern bedeutet, dass der Klammerinhalt fakultativ ist. Das heißt, er kann auftreten, muss dies aber nicht. Jetzt wird sowohl die Bezeichnung als auch die Wirkung des bereits vorgestellten *mv*-Kommandos aus dem Abschnitt 2.2 verständlich. Dort war gesagt worden, dass mv dazu dient, Dateien umzubenennen, also eine *rename*-Funktion realisiert. *mv* steht für *Move Link*: Der bisherige Verweis wird in einen neuen überführt.

Einen Link entfernen

Das *rm*-Kommando war im Abschnitt 2.2 als Kommando zum Löschen von Dateien vorgestellt worden. Bezeichnung und Arbeitsweise dieses Kommandos werden jetzt deutlich. Das *rm*-Kommando löscht eine Datei nicht im üblichen Sinne. Es entfernt einen Link auf diese Datei. *rm* steht für *Remove Link*. Eine Datei ist erst dann im üblichen Sinne gelöscht, wenn der letzte Verweis auf sie entfernt worden ist.

Link auf eine Datei entfernen (Remove Link)

```
---> $ rm Dateiname
---> $ rm a.b                    # Im aktuellen Verzeichnis
---> $ rm /usr/mueller/x.y # Falls erlaubt
```

Links bei Dateiverzeichnissen

Wird zum Beispiel mit dem *vi* eine Datei erzeugt, dann gibt es (vorerst) nur einen einzigen Verweis auf sie. Erst durch Anwendung von *ln*- und *rm*-Kommandos wird diese Zahl verändert. Dateiverzeichnisse haben von Anfang an mehr als nur einen Link. Wenn ein Dateiverzeichnis mit dem *mkdir*-Kommando (vgl. Abschnitt 3.1) eingerichtet wird, dann werden sofort bei seiner Erzeugung zwei Verzeichnisse eingetragen: Das Punkt- und das Punkt-Punkt-Verzeichnis. Man betrachte dazu die Abbildung 11. Dort seien *a*, *b* und *c* Verzeichnisse.

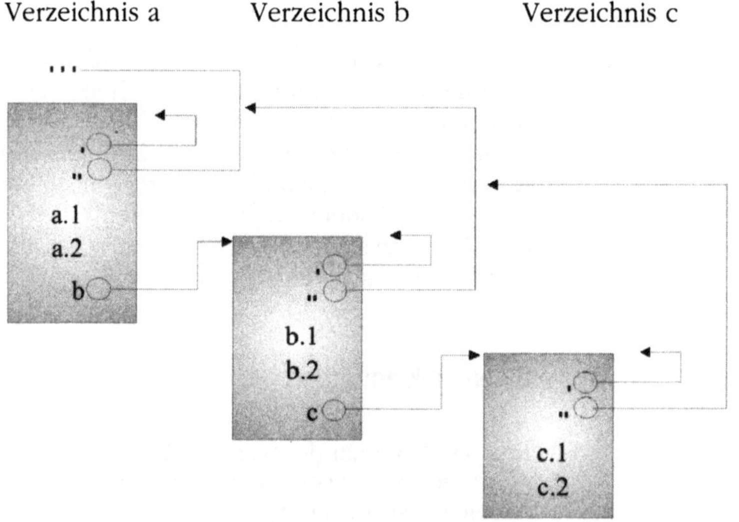

Abb. 11: Links auf Dateiverzeichnisse

Abbildung 11 zeigt, dass das Verzeichnis *c* im Verzeichnis *b* und in seinem eigenen Punkt-Verzeichnis eingetragen ist, also zwei Links besitzt. Verzeichnis *b* hat drei Links (drei Pfeile münden auf b). Der erste kommt vom Verzeichnis *a*, der zweite vom eigenen Punkt-Verzeichnis und der dritte vom Punkt-Punkt-Verzeichnis des Unterverzeichnisses *c*. Folgende kleine Formel ist direkt einsichtig:

z: Zahl der Links auf ein Directory
d: Zahl der unmittelbaren Unterverzeichnisse

$$z = d + 2$$

Bei c: $z = 0 + 2 = 2$
Bei b: $z = 1 + 2 = 3$

Symbolische Links

Die bisher beschriebenen Verweise heißen oft *Hard Links* oder *direkte Verweise.* Das kommt daher, dass der Verweis, der in ein Dateiverzeichnis eingetragen wird, sich direkt auf eine Dateibeschreibung (auf ein Inode) bezieht. Die Inodes sind fortlaufend nummeriert. Ein Verzeichniseintrag besteht aus einer Inode-Nummer und dem zugehörigen Dateinamen, so dass ein Verzeichnis folgenden strukturellen Aufbau hat:

Verzeichnis		
Inode-Nr.		Dateiname
	...	
18132		.txt
47911		x.f
	...	

Eine Schwierigkeit entsteht jetzt dadurch, dass die Nummerierung der Inodes datenträgerspezifisch erfolgt. Das heißt, sie sind nur innerhalb eines Datenträgers eindeutig. Das führt dazu, dass die bisher behandelten Verweise sich immer nur auf Dateien desselben Datenträgers beziehen müssen, sonst ist die interne Dateikennung nicht mehr eindeutig. Da der Hauptdatenträger in der Regel eine (größere) Festplatte ist, bemerkt der Anwender meist nichts von dieser Einschränkung. Symbolische Links sind datenträgerübergreifende Verweise. Ein Symbolischer Link wird durch eine entsprechend gekennzeichnete Datei (vgl. Abschnitt 3.1) realisiert. In dieser Datei steht der absolute Pfadname der Datei, auf die verwiesen wird. Symbolische Links werden bei den System-V-Versionen und in BSD UNIX mit der Option *-s* des *ln*-Kommandos eingerichtet. Sonst bleiben sie oft dem Systemverwalter vorbehalten. Die symbolischen Links werden inzwischen weitaus häufiger als die *Hard Links* eingesetzt.

Übungen

Praktische Übungen

3.1 Wo befinden sich die Dateien, mit denen die Kommandos *who* und *sort* abgewickelt werden?

3.2 Bestimmen Sie aus der Passwortdatei Ihre Benutzerkennung (UID).

3.3 Stellen Sie fest, welche Dateiverzeichnisse auf Ihrem UNIX/ Linux-System unmittelbar unter Root eingerichtet sind.

3.4 Wird Ihr Terminal als block- oder als zeichenorientierte Datei behandelt?

Verständnisfragen

3.5 Welche der folgenden fünf (!) Bezeichnungen sind gültige Dateinamen?
a..b *a;b...* *.a.* *a/b*

3.6 */usr/mueller* sei Ihr aktuelles Verzeichnis. Was liefert das Kommando *pwd*, nachdem Sie Ihr aktuelles Verzeichnis mit *cd ../bin/../../bin* gewechselt haben?

3.7 Eine Datei ist mit dem Schutzcode *---rwxrwx* versehen. Darf ihr Besitzer lesend auf sie zugreifen?

Hinweise auf den interaktiven Lehrgang auf CD-ROM

Zu dem Kapitel Dateisystem empfiehlt es sich, folgende Lektionen auf der CD-ROM zu bearbeiten:

- Überblick

- Philosophie

- Dateisystem

- Struktur des Dateisystems
- Verzeichnisoperationen
- Dateioperationen

4 Interaktives Arbeiten mit der Bourne-Shell

4.1 Bourne-Shell, C-Shell und Korn-Shell

Kommandointerpreter

Die Kommandointerpreter, mit deren Hilfe Dienstleistungen eines Betriebssystems in Anspruch genommen werden können, werden bei UNIX als Shells bezeichnet, weil sie wie eine Schale den Betriebssystem-Kern umschließen. Die Shells gehören nicht zum UNIX-Kern, sondern zum Benutzerbereich. Im Prinzip kann jeder Benutzer seine eigene Shell programmieren und benutzen. Manchmal trifft man an dieser Stelle auf Menüsysteme, oft mit einem sehr eingeschränkten Befehlsvorrat. In den letzten Jahren finden Fenstersysteme, die auf die Funktionalität der Shells zurückgreifen, für den Anwender aber wegen der grafischen Oberfläche angenehmer zu handhaben sind, zunehmend Verwendung (vgl. Abschnitt 12.4 über das X-Window-System). Meist wird in einem oder sogar in mehreren der Fenster eine Shell zur Bedienung des Betriebssystems gestartet. Selbst erstellte Kommandoschnittstellen zum Betriebssystem-Kern sind selten. In den meisten Fällen wird eine der drei Standard-Shells verwendet: entweder eine Bourne-, eine C- oder eine Korn-Shell.

bash-Shell

Zu erwähnen sind an dieser Stelle Weiterentwicklungen wie die *bash*-Shell (bourne again shell) sowie die tc-Shell. Die *bash* ist ein englisches Wortspiel. Es handelt sich hier um den Nachfolger der Korn-Shell, die *tc*-Shell der Nachfolger der C-Shell. Für den Anfänger ist die Möglichkeit , unbeabsichtigtes Überschreiben bzw. Löschen von Dateien zu verhindern, ein wichtiger Vorteil der c-Shell bzw. tc-Shell.

Vergleich der drei Shells

Die Bourne-Shell stammt aus der System-V-Entwicklung. Es war die erste breit verfügbare UNIX-Shell, und in mancherlei Hinsicht

ist sie das noch immer. Die C-Shell gehört zur BSD-Linie und ist später als die Bourne-Shell entwickelt worden. Sie sollte den interaktiven Gebrauch einer Shell bei der Prozessverwaltung verbessern. Alle mir bekannten UNIX-Systeme stellen beide Shells standardmäßig zur Verfügung. Relativ neu ist die Korn-Shell, die jedoch nicht überall vorhanden ist. Sie ist funktional eine Übermenge der Bourne-Shell und stimmt syntaktisch mit ihr überein.
Alles, was die Bourne-Shell kann, kann die Korn-Shell auch. Dazu hat sie Eigenschaften der C-Shell und stellt noch eigene zur Verfügung, die der Bourne-Shell und der C-Shell fehlen. Diese sehr grobe Gegenüberstellung der drei Standard-Shells spricht für den Gebrauch der Korn-Shell. Es gibt jedoch mehrere Wege, Shells miteinander zu vergleichen. Die folgende Betrachtung relativiert den ersten Eindruck. Von den drei Shells ist die Bourne-Shell die kleinste. Sie ist am schnellsten von allen in den Hauptspeicher geladen und läuft am schnellsten. Es ist die effizienteste der drei Shells. Die C-Shell ist langsamer als die Bourne-Shell. Dafür besitzt sie zusätzliche Möglichkeiten, Prozesse interaktiv zu kontrollieren. Die Korn-Shell ist die mächtigste der drei Shells. Sie erlaubt das Arbeiten mit Datentypen wie Integerzahlen und Arrays und lässt arithmetische Operationen zu. Dabei erreicht sie trotz ihrer Komplexität die Schnelligkeit der Bourne-Shell. Die Korn-Shell hat sich jedoch recht weit von ihrem Ursprung als Kommandointerpreter entfernt und einer Programmiersprache genähert. Aber zum Lösen numerischer Probleme ist eine Programmiersprache wie FORTRAN oder C besser geeignet als ein Interpreter für Betriebssystem-Kommandos.

Entscheidung für die Bourne-Shell

Für das vorliegende Buch steht die Erstellung und die Arbeit mit Kommandoprozeduren im Vordergrund. Die Fähigkeiten der Bourne-Shell, Prozesse zu kontrollieren, sind ausreichend, so dass eine C-Shell nicht erforderlich ist. Von den weitergehenden Eigenschaften der Korn-Shell wird keine benötigt. Das heißt, dass für die Beispiele des Buches die Bourne-Shell die geeignete Shell ist. Da die Korn-Shell eine funktionale Übermenge der Bourne-Shell darstellt und syntaktisch mit ihr übereinstimmt, wird der Weg zu ihr damit auch nicht verbaut, sondern im Gegenteil geebnet.

4.2 Aufbau von Shell-Kommandos

Einfache Kommandos

Kommandos werden in einfache und in zusammengesetzte eingeteilt. Ein *einfaches Kommando* besteht aus einem *Kommandonamen*, dem eventuell *Optionen* folgen, an die sich eventuell *Objektbezeichnungen* anschließen.

Kommandos werden entweder interaktiv eingegeben oder sie sind Teil einer Kommandoprozedur (vgl. Abschnitt 5.1). Ein Kommando wird immer in (wenigstens) einer Kommandozeile formuliert. Erstreckt sich ein Kommando über mehrere Zeilen, sind die jeweiligen Zeilenenden mit einem \ (Backslash) zu entwerten. Dieser Aspekt wird im Abschnitt 5.4 behandelt. Bis dahin soll von jeweils einem Kommando pro Kommandozeile ausgegangen werden.

Einfaches Kommando (Kommandozeile)

---> $ Kommandoname [Optionen] [Objektbezeichnungen]

---> $ sort -r a.txt # Beispiel

Die eckigen Klammern bezeichnen ein fakultatives Auftreten ihrer Inhalte. Das heißt, dass ein einfaches Kommando zumindest aus dem Kommandonamen besteht, dem Optionen und Objektbezeichnungen folgen können. Optionen dienen der Ablaufsteuerung eines Kommandos. Damit kann man beispielsweise bei einem Sortiervorgang angeben, dass rückwärts sortiert werden soll. Arbeitet das Kommando mit bestimmten Objekten, das sind meist Dateien, dann werden diese am Ende der Kommandozeile angegeben. Die Optionen und Objektbezeichnungen sind die *Parameter* oder *Argumente* des Kommandos. Leer- und Tabulatorzeichen dienen als Trenner.

Token

Sie zerlegen eine Kommandozeile in sogenannte *Token* und können gehäuft auftreten.

```
Token der Kommandozeile

--->  $ sort -r a.txt        # Drei Token: 1) sort
                             #             2) -r
                             #             3) a.txt
```

Es ist üblich, allerdings keine Norm, dass Optionen mit einem Bindestrich beginnen. Bei mehreren Optionen ist es üblich, allerdings ebenfalls keine Norm, sie ohne Trenner zu schreiben und insgesamt nur einen einzigen Bindestrich davor zu setzen.

Die Ersteller von UNIX-Dienstprogrammen haben im Lauf der Jahre das gesamte Spektrum möglicher Optionsangaben realisiert. So gibt es Kommandos, bei denen der oder die Bindestriche bei Optionen auch weggelassen werden dürfen. Andere verlangen zwingend einzelne Bindestriche bei Mehrfachoptionen usw.

```
Beispiele für einfache Kommandos

--->  $ date                 # Keine Option, kein Objekt

--->  $ ls -al               # Zwei Optionen: a und l
                             # kein Objekt

--->  $ cat a.txt            # Keine Option, ein Objekt

--->  $ sort -r a.txt        # Eine Option, ein Objekt
```

Zusammengesetzte Kommandos

Zusammengesetzte Kommandos sind einfache Kommandos, die durch Sonderzeichen mit Dateien oder anderen Kommandos verbunden sind. Das folgende Beispiel zeigt ein zusammengesetztes Kommando mit zwei Sonderzeichen. Miteinander verbunden werden zwei einfache Kommandos und eines davon, und zwar das letztere, mit einer Datei.

Ein zusammengesetztes Kommando

```
---> $ cat a.b | wc > a.c      # Sonderzeichen: | und >
                               # siehe Abschnitt 4.3
```

Die beiden Sonderzeichen (siehe dazu den nächsten Abschnitt) | und > beeinflussen den Weg, den die Ausgabe von *cat* sowie die Ein- und Ausgabe von *wc* nimmt.

4.3 Redirection und Pipelines

Redirection

Shell-Kommandos sollen, um möglichst viele Anwendungen unterstützen zu können, möglichst flexibel sein. Viele UNIX-Kommandos lesen von einer Datei. Es wäre nicht flexibel, das zugehörige Programm so zu schreiben, dass der Dateiname im Programm fest eingestellt ist. Flexibler ist ein Programm, wenn ihm der Name der Datei als Parameter übergeben werden kann. Noch flexibler in Bezug auf seine Ein- und Ausgabe ist ein Programm, wenn es von einer abstrakten Datei lesen und auf eine abstrakte Datei schreiben kann. Dann brauchen die beiden Dateien erst zur Laufzeit angegeben zu werden. Genau dieses zuletzt genannte Konzept wird bei UNIX realisiert. Die abstrakte Datei, von der ein Programm voreingestellt liest, heißt *Standard-Eingabedatei.* Man spricht oft kurz von der *Standard-Eingabe* oder vom *Standard-Input.* Die abstrakte Ausgabedatei heißt *Standard-Ausgabedatei* oder kurz *Standard-Ausgabe* oder *Standard-Output.* Es gibt eine dritte abstrakte Datei, auf die Fehlermeldungen geschrieben werden. Es ist die Standard-Fehlerausgabedatei oder der *Standard-Error.* UNIX identifiziert bei der Anmeldung beim System alle drei Dateien mit dem Terminal.

Beispiele

```
---> $ ls -l        # Schreibt auf den Standard-Output

---> $ cat          # Liest vom Standard-Input und
                    # schreibt auf den Standard-Output
```

Nicht alle Kommandos lesen von der Standard-Eingabedatei und schreiben auf die Standard-Ausgabedatei. Artbedingt gibt es andere Ausprägungen. Das im obigen Beispiel angegebene *ls*-Kommando liest den Inhalt des aktuellen Verzeichnisses und nicht die Standard-Eingabedatei. Seine Ausgabe geht jedoch auf die Standard-Ausgabedatei und damit wegen der Voreinstellung auf das Terminal. Das *cat*-Kommando im obigen Beispiel liest solange vom Terminal, bis ein CTRL/d-Zeichen das Ende der Eingabe signalisiert. Dann gibt *cat* das Gelesene auf dem Bildschirm aus.

Es ist auf eine einfache Art möglich, die Standard-Dateien für ein Kommando vorübergehend umzulenken. Man nennt diesen Vorgang *Redirection* oder *Umlenkung der Standard-Dateien.* Redirection bedeutet, dass während der Laufzeit eines Kommandos wenigstens eine der drei Standard-Dateien durch eine andere, in der Kommandozeile angegebene Datei, ersetzt wird. Folgende Schreibweisen sind dafür vorgesehen:

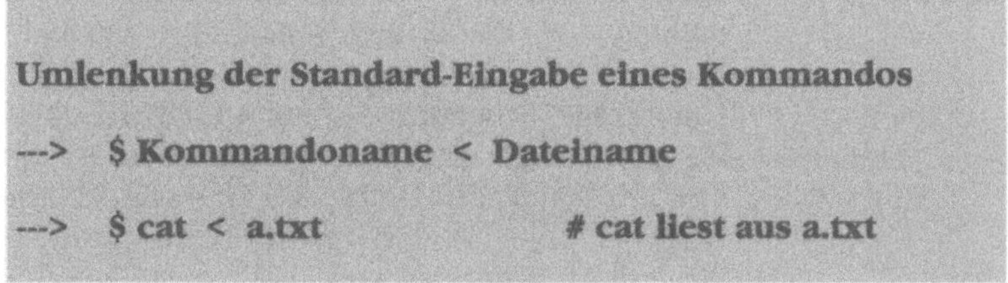

Umlenkung der Standard-Eingabe eines Kommandos

---> $ Kommandoname < Dateiname

---> $ cat < a.txt # cat liest aus a.txt

Man beachte, dass *cat* so programmiert worden ist, dass es auch mit einem Parameter arbeiten kann. Gibt es einen Parameter, so liest *cat* von der durch ihn bezeichneten Datei und nicht von der Standard-Eingabe.

Zwei cat-Aufrufe mit gleicher Ausgabe

---> $ cat a.txt # Parameterübergabe

---> $ cat < a.txt # Umlenkung der Standard-
 # Eingabe

Die obigen beiden Kommandos sind in ihrer Ausgabe identisch. Beim ersten wird *a.txt* durch eine Parameterübergabe zugänglich gemacht, beim zweiten durch Umlenkung der Standard-Eingabedatei.

Im Abschnitt 2.3 war im Zusammenhang mit dem *write*- und dem *mail*-Tool die Möglichkeit genannt worden, einen Text in einer Datei vorzubereiten und dann als Einheit zu versenden. Mit Redirection ist dies leicht zu realisieren.

Brief versenden: Brief auf der Datei brief.txt

```
---> $ write Empfänger < brief.txt

---> $ mail Empfänger < brief.txt
```

Die Umlenkung der Standard-Ausgabedatei eines Kommandos ist genauso einfach.

Umlenkung der Standard-Ausgabe eines Kommandos

```
---> $ Kommandoname > Dateiname

---> $ who > a.dat          # who schreibt in die Datei a.dat
```

Bei einer Ausgabe-Umlenkung schreibt das Kommando in die angegebene Datei. Auch hier gilt die Umlenkung nur solange, wie das Programm läuft. An dieser Stelle ist ein wichtiger Hinweis zu machen:

> Die Datei, deren Name unmittelbar dem Ausgabe-umlenkungszeichen folgt, wird stets neu angelegt. Gibt es diese Datei bereits, so ist ihr bisheriger Inhalt verloren.

Ein Beispiel, das zur Vorsicht rät

```
---> $ sort a.b > a.b          # Zuerst wird a.b neu
                               # angelegt
                               # Dann ist nichts mehr zu
                               # sortieren

---> $ sort a.b > a.srt        # Besser so
     $ mv a.srt a.b
```

Nach der Anmeldung beim System sind alle drei Standard-Dateien mit dem Terminal identifiziert. Das hat zur Folge, dass Fehlermeldungen eines Kommandos mit der Standard-Ausgabe gemischt auf dem Terminal sichtbar werden. In vielen Fällen, insbesondere bei der Programmentwicklung, ist dies erwünscht. Es gibt jedoch Tools, die - aus guten Gründen - etwas überempfindlich sind und den Benutzer mit ganzen Serien von Warnungen und Hinweisen auf eventuelle Fehler überhäufen. In solchen Fällen ist es manchmal angebracht, die Standard-Ausgabedatei von der Standard-Fehlerausgabedatei zu trennen. Die Fehlermeldungen können in einer eigenen Datei aufgefangen werden, um sie später auswerten zu können, oder sie werden ganz unterdrückt. Das bereits im Abschnitt 3.1 erwähnte *leere Gerät* mit dem Namen */dev/null* ist dafür geeignet.

Umlenkung der Standard-Fehlerausgabe

---> $ Kommandoname 2> Dateiname

---> $ find / -name vi -print 2> /dev/null

Wenn das find-Kommando, das im obigen Beispiel beim Root-Verzeichnis mit seiner Suche nach einer Datei namens vi beginnt, in Dateiverzeichnisse eindringen will, für die der Benutzer kein Durchquerungsrecht (x-Bit) hat, erzeugt es eine Fehlermeldung. Im Beispiel wird sie auf das leere Gerät gelenkt. Auf den Bildschirm gelangen nur die Erfolgsmeldungen des find-Kommandos.

Append

Eine spezielle Art der Ausgabeumlenkung besteht darin, die Ausgabe eines Kommandos an eine bestehende Datei anzufügen. In den meisten Betriebssystemen steht dafür eine Append-Funktion zur Verfügung. Man lässt ein Kommando seine Ausgabe in eine Datei schreiben und fügt dann mit einem Append-Kommando diese Datei an eine andere an. Die UNIX-Shells erlauben ein einfacheres Verfahren.

Standard-Ausgabe eines Kommandos an eine Datei anfügen

---> $ Kommandoname >> Dateiname # Append

---> $ cat a.txt >> b.txt # a.txt an b.txt # anhängen

Falls die angegebene Datei noch nicht existiert, wird sie neu angelegt. Ein eigenes Append-Kommando wird nicht benötigt.

Pipelines

Der Ansatz mit den drei Standard-Dateien legt ein Zusammenwirken von Kommandos nahe, bei der die Standard-Ausgabe des einen zur Standard-Eingabe des anderen wird.

Pipeline: Die Standard-Ausgabe des ersten Kommandos wird Standard-Eingabe des zweiten

---> $ Kommandoname-1 | Kommandoname-2

---> $ who | sort # Beispiel

Anschaulich fließt ein Strom von Bytes wie durch eine Röhre von einem Kommando zu einem anderen. Diese Veranschaulichung hat dem Verfahren den Namen gegeben. Man spricht von einer *Pipeline* oder kurz von einer *Pipe*. Im Abschnitt 3.1 sind *Named Pipes* (FIFO-Dateien) angesprochen worden. Sie sind allgemeiner einsetzbar als die eben vorgestellten Pipelines, werden jedoch in der vorliegenden Einführung nicht benötigt. Das folgende Beispiel zeigt die Flexibilität, die mit der Idee der Standard-Dateien erreicht worden ist, denn Befehlsfolgen sind damit drastisch verkürzbar.

Beispiel für eine Pipeline

```
---> $ who > a.tmp        # Zuerst ohne Pipe: 3 Befehle
     $ wc a.tmp
     15  128  689  a.tmp
     $ rm a.tmp

---> $ who | wc           # Mit Pipe: 1 Befehl
     15  128  689  a.tmp
```

Eine Pipeline kann aus mehr als zwei Kommandos bestehen, und das erste und das letzte Kommando der Pipeline können mit Redirection arbeiten.

Größere Pipe mit Redirection

```
---> $ cat < a.txt | grep 'schaffrath' | wc >a.erg
```

Das *cat*-Kommando liest aus der Datei *a.txt* und schreibt seine Ausgabe, das ist der Inhalt von *a.txt* über eine Pipe zum *grep*-Kommando. Dieses filtert alle Zeilen heraus, in denen die Zeichenfolge *schaffrath* vorkommt und schreibt sie über eine Pipe zum Word-Count-Kommando *wc*, das die Zeilen, Wörter und Zeichen seiner Eingabe zählt und sein Ergebnis in die Datei *a.erg* schreibt.

Filter

Man nennt Programme, die zwischen zwei Pipesymbolen stehen können Filter. So kann im obigen Beispiel die Wirkung des *grep*-Kommandos als herausfiltern bezeichnet werden. *cat, sort, grep* und *wc* sind Beispiele für Filter. *ls* und *who* dagegen sind keine Filter. Beide benutzen keine Standard-Eingabedatei. *who* liest eine systeminterne Tabelle, bereitet sie auf und schreibt sie auf die Standard-Ausgabedatei. Das *ls*-Kommando liest Dateiverzeichnisse und schreibt Dateinamen (und je nach Option auch bestimmte Datei-Eigenschaften) auf die Standard-Ausgabedatei. *ls* kann mit Dateinamen parametrisiert werden und bezieht sich dann nur auf diese. Die Dateinamen können Verzeichnisnamen sein.

Aufbau des ls-Kommandos

```
---> $ ls [Optionen] [Dateiname(n)]

---> $ ls -l /usr /usr/schaffrath        # Bezug auf
                                         # 2 Verzeichnisse
```

Auch *lpr* ist kein Filter. Das Kommando liest von der Standard-Eingabedatei und schreibt auf den Drucker. *lpr* kann demnach nur am Ende einer Pipeline stehen.

Beispiel mit lpr

```
---> $ cat < a.txt | sort | lpr
```

Einen Bytestrom transformieren

Das folgende nützliche Werkzeug namens *tr* (transform) ist ein Filter. Es kennt Optionen und Objektangaben. Letztere sind keine Dateinamen, sondern die zu transformierenden Zeichen. Das heißt, *tr* liest ausschließlich von der Standard-Eingabedatei und schreibt ausschließlich auf die Standard-Ausgabedatei. Die Optionen sollen hier nicht behandelt werden. Zur Vertiefung kann das Buch von Gulbins herangezogen werden [GUL95]. Anschaulich *zieht* an dem Kommando die Standard-Eingabedatei wie ein Bytestrom vorbei. Dabei werden bestimmte Zeichen ausgetauscht.

tr

Bytestrom transformieren

```
---> $ tr 's1' 's2'           # Zwei Strings s1 und s2

---> $ tr 'x' 'u'             # Jedes x wird durch u
                              # ersetzt
```

Jedes Zeichen aus dem String *s1* wird durch das positionsgleiche Zeichen aus dem String *s2* ersetzt. Raffinierte Fälle, bei denen *s1* und *s2* unterschiedliche Längen haben, werden hier nicht behandelt. Gulbins [GUL95] und Bourne [BOU92] gehen darauf ein.

4.4 Prozessverwaltung

Programm und Prozess

Die Abarbeitung eines Programms heißt Prozess. Darauf ist schon im Abschnitt 1.1 im Zusammenhang mit dem Multitasking hingewiesen worden. Im Fachgebiet Systemprogrammierung [BAC90], [LEF92] wird dieser Begriff präzisiert. Für das vorliegende Buch ist seine anschauliche Fassung ausreichend. Ein Programm ist statisch und enthält Handlungsanweisungen für einen Rechner. Ein Prozess ist dynamisch und besteht aus den Handlungen selbst. Durch die Eingabe eines Kommandos in die Shell wird ein Programm geladen und zur Ausführung gebracht. Damit ist ein Prozess entstanden, der solange dauert (lebt) bis das Programm beendet ist. Ein (einziges) Programm kann durch mehrfaches, zeitlich überlapptes Ausführen zu mehreren (parallelen, nebenläufigen) Prozessen führen. Die Möglichkeiten der Bourne-Shell, den Benutzer an der Verwaltung seiner Prozesse zu beteiligen, sind sehr eingeschränkt, für viele Anwendungen jedoch ausreichend. Insbesondere kann die Multitaskingfähigkeit des UNIX-Betriebssystems auf einfache Weise ausgenutzt werden. Andere Shells sind mächtiger. Man vergleiche dazu den Abschnitt 4.1.

Vorder- und Hintergrundprozesse

Bei der Eingabe von Kommandos in die Shell muss bei dem bisher beschriebenen Verfahren mit der Eingabe des nächsten Kommandos gewartet werden, bis das vorhergehende abgearbeitet ist. Solange ist das Terminal durch einen (einzigen) Prozess blockiert. Man nennt diesen Prozess den *Vordergrundprozess*, weil er mit dem Terminal und so direkt mit dem Benutzer verbunden ist. Mit dem Sonderzeichen & am Ende eines Kommandos kann der damit verbundene Prozess vom Terminal abgekoppelt werden. Man spricht von einem *Hintergrundprozess*. Werden Hintergrundprozesse gestartet, dann arbeiten diese und die Shell gleichzeitig für den Anwender. Es sind parallele Prozesse. Oft startet man arbeitsintensive

Prozesse wie zum Beispiel Druckaufträge im Hintergrund, während man am Terminal im Vordergrund eine Datei editiert.

Das Multitasking des UNIX kann mit Hilfe des Hintergrundverfahrens der Shell leicht ausgenutzt werden, indem man mehrere Hintergrundprozesse gleichzeitig laufen lässt. Das Betriebssystem kennzeichnet alle Prozesse mit einer eindeutigen Prozesskennzahl, der sogenannten *Process Identity* (PID). Beim Start eines Hintergrundprozesses wird seine Prozesskennzahl ausgegeben, dann kann am Terminal weitergearbeitet werden.

&

Prozess im Hintergrund starten

```
---> $ sort a.txt > a.srt &
     3801               # PID des Hintergrundprozesses
     $                  # Shell sofort verfügbar
```

Im obigen Beispiel wird die Ausgabe des *sort*-Kommandos in eine Datei gelenkt. Dadurch wird verhindert, dass das Kommando aus dem Hintergrund und konkurrierend mit dem Prozess im Vordergrund, vielleicht einer Shell oder einem *vi*-Prozess, auf das Terminal schreibt. Die Ausgabe von Hintergrundprozessen sollte prinzipiell in eine Datei gelenkt werden. Anders sieht das bei Eingaben aus. Dass der Prozess im Hintergrund arbeitet, heißt unter anderem, dass er vom Terminal aus nicht mehr erreicht werden kann. Einem Hintergrundprozess kann man vom Terminal aus keine Eingaben zukommen lassen.

Anzeigen von Prozessen

Das Ende eines Hintergrundprozesses wird nicht gemeldet, aber man kann sich seine derzeitigen Prozesse mit dem *ps*-Kommando (*Process Status*) anzeigen lassen. Es verfügt über eine Vielzahl von Optionen, die in Schreibweise und Bedeutung allerdings vom jeweiligen Hersteller abhängen. Eines der Prozessattribute ist die Prozesskennzahl (*Process Identity, PID*), ein anderes der zugehörige Kommandoname, so dass eine Identifizierung in der Regel nicht schwer fällt. Von links nach rechts werden die Prozesskennzahl, das Terminal, von dem aus der Prozess gestartet worden ist, die bislang verbrauchte Zeit in Minuten:Sekunden und das den Prozess verursachende Kommando ausgegeben. Die Bezeichnung *-sh* bedeutet, dass es sich um eine Login-Shell handelt. Das ist die Shell, die bei der

PID

Aufnahme des Rechenbetriebs gestartet wird. Eine Ausgabe ohne den vorangestellten Bindestrich bezeichnet eine *Subshell.* Das ist eine erst nach dem Login gestartete Shell. Bei einigen Systemen wird bei der Ausgabe nicht zwischen Login- und Subshell unterschieden. Dann wird stets ohne den Bindestrich ausgegeben.

ps

Prozesse anzeigen (Process Status)

```
---> $ ps
     PID  TTY  TIME CMD
     1207 04 0:02  -sh
     1234 04 0:05  sort a.txt > a.srt
     1287 04 0:01  ps
```

Vorzeitiges Beenden von Prozessen

Manchmal ist es erforderlich, Prozesse vorzeitig zu beenden. Ein Beispiel liegt vor, wenn man einen Sortierlauf gestartet hat und dann feststellt, dass man gerade die falsche Datei sortiert. Die Maßnahmen, die zu ergreifen sind, hängen davon ab, ob es sich um einen Vordergrund- oder um einen Hintergrundprozess handelt. Vordergrundprozesse sind mit dem Terminal verbunden. Sie werden durch das Auslösen des sogenannten Terminal-Interrupts vorzeitig beendet. Der Terminal-Interrupt wird durch die DEL-Taste ausgelöst. Wird ein UNIX-System von einem anderen Nicht-UNIX-Rechner über eine Terminalnachbildung, eine sogenannte *Terminal-Emulation* betrieben, kann es vorkommen, dass die Tasten anders belegt sind. Es ist dann ratsam, den Systemverwalter zu Rate zu ziehen.
Hintergrundprozesse sind nicht mit dem Terminal verbunden. Das hat unter anderem zur Folge, dass sie mit dem Terminal-Interrupt nicht mehr erreichbar sind. Um auch sie vorzeitig beenden zu können, ist das *kill*-Kommando zu verwenden. Es setzt die Kenntnis der Prozesskennzahl (PID) des zu beendenden Hintergrundprozesses voraus. Mit dieser PID wird es parametrisiert. Die PID kann man sich beim Start des Hintergrundprozesses merken oder mit dem *ps*-Kommando ermitteln. Im Abschnitt 6.2 wird gezeigt, dass es auch noch eine Variable der Shell gibt, in der die PID des jeweils letzten Hintergrundprozesses gespeichert wird. Auch auf sie kann zurückgegriffen werden. Das *kill*-Kommando ist im Grunde ein *Sende-ein-Signal-*

Kommando, denn genau das ist seine Aufgabe. Es sendet dem als Argument angegebenen Prozess das als Option angegebene Signal. Signale sind bei UNIX geschaffen worden, damit Prozesse über das Auftreten bestimmter Ereignisse verständigt werden können. So gibt es Signale für eine Division durch Null, für einen Fehler auf dem Systembus oder für einen unerlaubten Speicherzugriff.

Alle diese Ereignisse und mit ihnen die Signale sind durchnummeriert. Eine vollständige Liste der Signale und ihrer Bedeutung findet sich zum Beispiel bei Gulbins [GUL95]. Mit jedem Signal ist eine bestimmte Systemreaktion verbunden, die durch das Signal ausgelöst wird. Im Abschnitt 9.3 wird gezeigt, dass man auf Signale auch abweichend von der Voreinstellung reagieren kann. Häufig ist der UNIX-Kern die Quelle von Signalen, manchmal ist es jedoch der Benutzer. Der oben genannte Terminal-Interrupt bewirkt das Senden eines Signals an den Vordergrundprozess. Das Signal hat zur Folge, dass der Prozess sich beendet. Einem Hintergrundprozess muss ein Signal per Kommando gesendet werden, da er anders nicht mehr erreichbar ist. Das Signal mit der Nummer 9 bewirkt, dass der Prozess, an den es gerichtet ist, sich sofort beendet.

kill

Hintergrundprozess beenden

```
-->   $ kill -9 PID              # PID als Zahlenwert
                                 # angeben

-->   $ sort a.txt > a.srt &     # Beispiel
      9173
      $ kill -9 29173
```

4.5 Expandierung von Dateinamen

Dateinamen-Suchmuster

Im Abschnitt 2.3 ist bereits im Zusammenhang mit dem *grep*-Tool über Suchmuster, sogenannte Patterns, gesprochen worden. Beim *grep*-Tool ging es um Text-Suchmuster mit den entsprechenden Sonderzeichen. Jetzt handelt es sich um Dateinamen-Suchmuster. Das sind Suchmuster, die mit Dateinamen verglichen werden.

Wildcards (Metazeichen)

Sonderzeichen in Dateinamen-Suchmustern nennt man *Wildcards bzw. Metazeichen.* Sie können gehäuft auftreten. Die Shell vergleicht die Suchmuster mit den Namen sichtbarer, also nicht mit einem Punkt beginnender Dateien des jeweiligen aktuellen Dateiverzeichnisses und ersetzt das angegebene Suchmuster durch die Dateinamen, für die der Vergleich erfolgreich ist. Man sagt, die Shell substituiere die Dateinamen-Suchmuster. Um ein Beispiel zu geben, soll eine (bekannte) Wildcard (Metazeichen) vorweggenommen werden. Angenommen, im aktuellen Verzeichnis gebe es nur zwei Dateien, deren Namen nicht mit einem Punkt beginnen, und zwar die Dateien *a.txt* und *b.txt.* Die Eingabe des Shell-Kommandos

```
--> $ echo *.*
    a.txt b.txt
```

hat zur Folge, dass die Shell das Suchmuster *.* mit den Namen der Dateien im aktuellen Verzeichnis vergleicht. Der Vergleich ist bei *a.txt* und *b.txt* erfolgreich. Daraufhin ersetzt die Shell das Suchmuster durch die Treffer. Das ist genau so, als hätte der Benutzer

```
--> $ echo a.txt b.txt
    a.txt b.txt
```

eingegeben. Es ist wichtig, bereits hier zu verstehen, dass das *echo*-Kommando erst aufgerufen wird, nachdem die Shell das-Suchmuster ersetzt hat. Die Shell expandiert anschaulich das Suchmuster zu einer Liste von konkreten Dateinamen und startet dann erst das jeweilige Kommando. Der Abschnitt 7.3 befasst sich ausführlicher mit der Reihenfolge der Shell-Aktionen. Ist der Mustervergleich nicht erfolgreich, wird das Suchmuster als eine Folge entwerteter Zeichen angesehen.

```
---> $ echo *.*              # Kein Treffer
*.*
```

Es folgt eine Zusammenstellung der Wildcards (Metazeichen), wobei noch einmal daran erinnert werden soll, dass kein Sonderzeichen zu einem führenden Punkt passt. Sollen solche Dateien angesprochen werden, ist der führende Punkt explizit zu schreiben. Man beachte die Bedeutung des Sternchens, die erheblich von der bei den Text-Suchmustern abweicht.

Wildcard (Metazeichen)	**Bedeutung**
?	passt zu genau einem Zeichen in einem Dateinamen an genau der Position, an der es im Suchmuster steht. *a?c* passt zu *a.c, aac, abc*, ...
*	passt zu 0 oder mehr Zeichen eines Dateinamens an genau der Position, an der es im Suchmuster steht. *a** passt zu allen Dateinamen, die mit *a* beginnen.
[...]	passt zu genau einem Zeichen aus der Klammer an genau der Position, an der im Suchmuster die Klammer steht. In der Klammer dürfen Intervalle (mit Bindestrich und in ASCII-Reihenfolge) angegeben werden. Das Zeichen ! als erstes Zeichen in der Klammer wirkt so ähnlich wie eine Negation: Alle Zeichen außer denen in der Klammer werden gewertet. *[ab]** passt zu allen Dateinamen, die mit *a* oder *b* beginnen. *a.[0-9][0-9]* passt zu allen Dateinamen der Form *a.00, a.01, ..., a.99*. *a.[!0-9]* passt zu allen Dateinamen mit einer Ein-Zeichen-Extension, die keine Ziffer ist.

4.6 Kommando-Trenner und -Gruppen

Kommando-Trenner

Das Pipe-Symbol verbindet zwei Kommandos inhaltlich miteinander, syntaktisch trennt es die beiden. Unter einem Kommando-Trenner versteht man jedes Zeichen, das zwei nebeneinanderstehende Kommandos voneinander trennt. Die folgenden Zeichen erfüllen diesen Zweck:

NEWLINE	LF-Zeichen (ASCII, dezimal 010), ausgelöst durch die RETURN-Taste (Eingabe-Taste)
;	Semikolon Kommandos, die durch ein NEWLINE oder Semikolon voneinander getrennt sind, werden hintereinander in der angegebenen Reihenfolge abgearbeitet.
|	Pipe-Operator Kommandos, die durch ein Pipesymbol voneinander getrennt sind, bilden ein ein einziges zusammengesetztes Kommando
&	Hintergrundoperator Das Kommando (einfach oder zusammengesetzt) vor dem Hintergrundoperator wird im Hintergrund gestartet.

Zwei Kommandos in einer Kommandozeile

```
--->  $ cat < b.txt | sort; wc < a.txt

Erstes Kommando:      cat < b.txt | sort
Zweites Kommando:     wc < a.txt
```

Ein Semikolon wirkt genau so, als wären die beiden Kommandos durch NEWLINE getrennt einzeln und hintereinander eingegeben worden.

Kommando-Gruppen

Mit runden und geschweiften Klammern können Kommando-Gruppierungen vorgenommen werden. Die Wirkung ist jeweils etwas unterschiedlich. Kommandos, die durch runde Klammern zusammengefasst sind, werden in bestimmten Zusammenhängen wie ein einziges Kommando behandelt. Damit können zum Beispiel ganze Kommandosequenzen im Hintergrund gestartet werden. Anwendungen finden sich auch im Zusammenhang mit dem Signalmechanismus, der im Abschnitt 9.3 vorgestellt wird. Allerdings geht eine diesbezügliche Behandlung von Kommando-Gruppen über eine Einführung hinaus. Für Vertiefungen sei auf die Bücher von Bourne [BOU92] und Gulbins [GUL95] verwiesen.

Kommando-Gruppen mit Kommandos a, b, c und d

```
--->  $ a; b &                    # a im Vordergrund
                                  # b im Hintergrund

--->  $ ( a; b ) &                # a und b (sequentiell) im
                                  # Hintergrund

--->  $ ( a; b ) & ( c; d ) &     # Im Hintergrund (a; b)
                                  # parallel zu  (c; d)
```

Werden Kommandos durch geschweifte Klammern zusammengefasst, so wird lediglich ihre Ausgabe so behandelt, als läge ein einziges Kommando vor. Das letzte Kommando in der geschweiften Klammer muss mit einem Semikolon oder einem NEWLINE-Zeichen abgeschlossen werden.

Ausgabe wie von einem einzigen Kommando

```
--->  $ { pwd; who; ls; } > ausgabe.txt
```

Übungen

Praktische Übungen

4.1 Sind auf Ihrem UNIX / Linux-System alle drei Standard-Shells vorhanden?

4.2 Die Ausgabe des *date*-Kommandos enthält eine Zeitangabe in der Form Stunden:Minuten:Sekunden. Die Zeitangabe soll in der Form Stunden Minuten Sekunden mit je einem Leerzeichen als Trenner erfolgen. Der Rest der *date*-Ausgabe soll unverändert bleiben.

Verständnisfragen

4.3 Welche Arten von Dateien kennt UNIX?

4.4 Ihr aktuelles Verzeichnis habe (bis auf . und ..) nur die folgenden vier Dateien: *ab .ab ab. a.b*
Welche dieser Dateien werden durch das Kommando *rm *.** angesprochen?

4.5 Geben Sie ein (einziges) *rm*-Kommando an, mit dem alle Dateien Ihres aktuellen Verzeichnisses angesprochen werden.

4.6 Ihr aktuelles Verzeichnis sei (bis auf . und ..) leer. Sie starten das Kommando *ls > ls.out* und prüfen dann den Inhalt von *ls.out*. Ist die Datei leer?

4.7 Geben Sie zu dem Kommando *mv *.cc *.c* einen Kommentar.

Hinweise auf den interaktiven Lehrgang auf CD-ROM

Zu dem Kapitel Interaktives Arbeiten mit der Bourne Shell empfiehlt es sich, folgende Lektionen auf der CD-ROM zu bearbeiten:

- Sonstiges

- Shellvariablen (Wildcards)
- Shellscripte

5 Einfache Kommandoprozeduren (Shell-Scripts)

5.1 Erzeugen und Starten eines Scripts

Scripts

Eine Kommandoprozedur, man sagt dazu auch *Shell-Script* oder, falls keine Verwechslung möglich ist, kurz *Script*, ist eine Textdatei, die Shell-Kommandos enthält. Die Kommandos werden in der Reihenfolge ihres Auftretens ausgeführt. In dem folgenden Beispiel ist eine Kommandoprozedur in einer Textdatei namens *abc* angegeben. Bei Start führt sie zuerst das Kommando *ls -l* aus, dann *who*.

Datei *abc*

```
ls -l
who
```

Zugriffsrechte für Scripts

Ein Benutzer, der ein Script starten will, benötigt für die zugrundeliegende Textdatei Lese- und Ausführungsrecht (r- und x-Bit). Mit dem folgenden Kommando erreicht er dies.

chmod

```
---> $ chmod 700 abc        # r-, w- und x-Bit für den
                            # Besitzer
```

Ungeübte Benutzer vergessen manchmal, die Zugriffsrechte entsprechend zu setzen und sind irritiert, wenn ihre Kommandoprozedur zwar editiert, aber nicht gestartet werden kann.

Starten eines Scripts

Ein Script wird wie ein Kommando gestartet. In der Tat ist es ein neues, selbst geschriebenes Kommando!

Starten eines Scripts namens abc

---> $ abc

Kommentare in Scripts

Kommentare in Scripts beginnen mit dem Zeichen # und reichen bis zum jeweiligen Zeilenende. Leerzeilen vor, nach und zwischen (vollständigen) Kommandos sind zulässig.

```
# Script abc
# Erstellt am 11.08.2002 von Schaffrath

ls -l        # Ein Long-Listing

who          # Wer ist aktiv?
```

Shell als Programmiersprache

Von der Möglichkeit des Kommentierens, des Einrückens von Zeilen und Setzens von Leerzeilen soll im Sinne eines strukturierten Programmierens sinnvoll Gebrauch gemacht werden, denn durch Kommandoprozeduren wird die Shell (jede der drei Standard-Shells) zu einer Programmiersprache. Dieser Aspekt ist Thema des vorliegenden Kapitels.

5.2 Benutzerdefinierte Variablen

Variablen

Am Ende des letzten Abschnitts ist festgestellt worden, dass die Shell durch ihre Kommandoprozeduren den Charakter einer Programmiersprache erhält. Zu einer Programmiersprache gehören Variablen zur Verwaltung der Daten und Kontrollstrukturen zur Ablaufsteuerung. Die Shell verfügt über beides. Man erwarte jedoch von einem Interpreter für Systemkommandos nicht die Funktionalität von Sprachen wie Pascal oder C. Variablen und Kontrollstrukturen sind eher rudimentär ausgebildet.

Stringvariablen

Alle Variablen der Bourne-Shell sind Stringvariablen. Bei den anderen beiden Standard-Shells gilt diese Einschränkung nicht. Man vergleiche dazu Abschnitt 4.1. Eine Variable heißt Stringvariable, wenn ihr Wertebereich nur aus Zeichenketten (Strings) besteht. Die Shell erlaubt dem Benutzer die Vereinbarung eigener und stellt daneben eine ganze Reihe interner Variablen zur Verfügung. Die ersteren sind die *benutzerdefinierten Variablen*, die letzteren heißen *Shell-Variablen* (im engeren Sinn; denn die benutzerdefinierten Variablen sind ja auch Variablen der Shell). Mit den Shell-Variablen (im engeren Sinne) befasst sich das nächste Kapitel.

Die Vereinbarung einer Variablen fällt mit einer Wertzuweisung an diese Variable in einem Befehl zusammen. Wertzuweisungsoperator ist ein Gleichheitszeichen, dem kein Leerzeichen vorangehen und keines nachfolgen darf. Im nächsten Abschnitt werden Wertzuweisungen durch Lesen von der Standard-Eingabedatei vorgestellt. Bei benutzerdefinierten Variablen beginnt der Variablen-Name mit einem Buchstaben, dem Buchstaben, Ziffern und Unterstriche folgen können. Eine Längenbeschränkung ist nicht vorgesehen. Der praktische Gebrauch setzt natürliche Schranken.

Vereinbarung einer Variablen und Wertzuweisung

Variablenname=Wert

Beispiel einer Variablen-Vereinbarung

```
---> $ a=Willy            # Definiert a und setzt ihren
                          # Wert auf den String Willy
```

Wertabruf

Auf den Wert einer Variablen wird durch einen Ausdruck der Form

${Variablenname}

zugegriffen. Dieser Wertabruf kann vereinfacht werden, wenn durch die auf den Wertabruf folgenden Zeichen keine Missverständnisse entstehen können. Dann genügt ein Ausdruck der Form

$Variablenname

Beispiele für Wertabrufe

```
---> $ a=Willy            # Einfache Form genügt
     $ echo $a
     Willy

---> $ a=Hans             # Missverständnis möglich
     $ ai=Peter
     $ echo $ai
     Peter
     $ echo ${a}i
     Hansi
```

Variablensubstitution

Bei der Expandierung von Dateinamen in Kommandoaufrufen (Abschnitt 4.5) ist gezeigt worden, dass die Shell zuerst die Dateinamen-Suchmuster auswertet, mit dem Ergebnis dieser Auswertung das Suchmuster in der Kommandozeile ersetzt, und dann erst das Kommando startet. Auch der Wertabruf von Variablen ist ein Ersetzungs-, ein Substitutionsverfahren. Wenn die Shell eine Kommandozeile gelesen hat, durchsucht sie diese nach Zeichen mit einer Sonderfunktion. Findet die Shell ein Wertabrufzeichen, dann ersetzt sie die zugehörige Konstruktion durch ihren Wert. Erst dann startet sie das Kommando. Wenn das Kommando anläuft, weiß es nichts davon, dass die Shell irgendetwas verändert hat. Das Kommando meint, der Benutzer habe dies so eingegeben. Beim Beispiel von oben mit der Wertzuweisung *a=Willy* und dem Kommando *echo $a* wird von der Shell der Kommandoaufruf zu *echo Willy* verändert. Dann wird das *echo*-Kommando gestartet. Mit der Reihenfolge der Shell-Aktionen befasst sich Abschnitt 7.3.

Readonly

Benutzerdefinierte Variablen können als *nur lesbar* (*readonly*) erklärt werden. Dann kann auf sie nicht mehr schreibend (verändernd) zugegriffen werden. Sinnvollerweise erfolgt eine derartige Erklärung erst nach einer Wertzuweisung. Im vorliegenden Buch wird von solchen Variablen an keiner Stelle Gebrauch gemacht. Deshalb wird hier auf die Vermittlung des entsprechenden Kommandos verzichtet und auf Bourne [BOU92] oder Gulbins [GUL95] verwiesen.

Tools und Variablen

In der Übung 2.2 ist eine Variable namens EXINIT vorgekommen, die das Erscheinungsbild des Editors *vi* beeinflusst hat. Sie ist mit dem String ' se nu' (die Hochkommata gehören dazu) belegt worden. Daraufhin hat *vi* seine auf dem Bildschirm sichtbaren Zeilen durchnumeriert. Es gibt eine Reihe von Tools, die wie der *vi* auf Werte bestimmter Variablen reagieren. Diese Variablen gehören zu den entsprechenden

Tools und sind dort beschrieben. Es ist Tradition, Variablen für Tools mit Großbuchstaben zu schreiben. Benutzerdefinierte Variablen sollten mit Kleinbuchstaben geschrieben werden, um Konflikte mit Tool-Variablen zu vermeiden.

5.3 Lesen von der Standard-Eingabedatei

echo und read

Das *echo*-Kommando dient in Kommandoprozeduren als Ausgabeanweisung, denn es schreibt seine Argumente durch je ein Leerzeichen getrennt auf seine Standard-Ausgabedatei (vgl. Abschnitt 2.3). Zum Lesen von der Standard-Eingabedatei dient das *read*-Kommando.

read

Lesen von der Standard-Eingabe

```
--->  $ read a          # Eine Zeile vom Standard-Input
                        # in die Variable a lesen
```

Werden für *read* mehrere Variablen angegeben, so erfolgt die Wertzuweisung Wortweise mit einer Häufung auf der letzten Variablen, wenn es mehr Wörter als Variablen gibt. Sind es weniger Variablen als Wörter, bleiben die letzten Variablen unbelegt.

read mit mehreren Variablen

```
--->  $ read a b c
      Dies ist ein Beispiel     # a wird belegt mit:  Dies
                                # b wird belegt mit:  ist
                                # c wird belegt mit:
                                # ein Beispiel
```

Die angegebenen Variablen werden durch *read* vereinbart, wenn sie es noch nicht sind. Das *read*-Kommando liest bei allen mir bekannten Bourne-Shells unverständlicherweise nicht aus einer Pipeline, akzeptiert jedoch eine Umlenkung seiner Standard- Eingabe. Die daraufhin von mir untersuchten Korn-Shells wiesen dieses Manko nicht auf. Die C-Shell kennt das *read*-Kommando nicht. Durch Umlenkung der Standard-Eingabedatei liest *read* von einer beliebigen Datei, allerdings immer nur die erste Zeile. Eine elegante Methode zum Lesen mehrerer Zeilen aus einer Datei wird im Abschnitt 9.1 vorgestellt.

read liest von einer Datei die erste Zeile

```
--->  $ echo Hallo > a.txt
      $ read a < a.txt                # Erste Zeile
      $ echo $a
      Hallo
```

5.4 Entwertungsmechanismen

Entwerten mit Backslash (Quoting)

Bei den bisher vorgestellten Beispielen sind hin und wieder Entwertungszeichen vorgekommen, und die Diskussion dieser Zeichen ist aufgeschoben worden. Es ist jetzt an der Zeit, die Entwertungsmechanismen der Shell darzustellen. Die folgende Wertzuweisung soll als Beispiel den Hintergrund aufzeigen, denn sie führt zu einer Fehlermeldung.

```
--->  $ c=Hans und Lisa
      und: not found          # Fehlermeldung der Shell
```

Die Fehlermeldung kommt dadurch zustande, dass die Shell Leerzeichen (und Tabulatorzeichen) benutzt, um Teile der Kommandozeile (Token) voneinander zu trennen. Die Wertzuweisung ist mit *c=Hans* abgeschlossen. Die dann folgenden Token werden nicht mehr verstanden. Die Shell versucht, ein Kommando namens *und* zu starten, das *Lisa* als Parameter hat, und zu dem die Variable *c* samt Wert gehört.

Diese syntaktische Konstruktion wird im vorliegenden Buch nicht weiter vertieft. Bourne [BOU92] und Gulbins [GUL95] gehen darauf ein. Der Fehler im obigen Beispiel kommt zustande, weil Leerzeichen eine Trennerfunktion haben. Diese Funktion muss lahmgelegt werden. Man sagt, das Leerzeichen sei zu entwerten. Dazu wird selbst ein Zeichen benötigt. Dieses Entwertungszeichen nennt man *Entwerter* oder *Quote-Zeichen.* Der erste Entwerter, der vorgestellt werden soll, ist der *Backslash*, der rückwärts gerichtete Schrägstrich (ASCII, dezimal 092).

Ein Backslash entwertet eine eventuelle Sonderbedeutung des ihm unmittelbar folgenden Zeichens. Er entwertet auch ein NEWLINE-Zeichen, womit Folgezeilen bei Shell-Kommandos möglich werden. Hat das dem Backslash folgende Zeichen keine Sonderbedeutung, wird eine *leere Funktion* entwertet. Das heißt, der Backslash bewirkt nichts, aber er schadet auch nicht. Kommt er selbst als Wert vor, so ist er zu entwerten.

Entwerten mit Backslash

```
--->  $ c=Hans\ und\ Lisa        # Leerzeichen entwerten
      $ echo $c
      Hans und Lisa

--->  $ echo a                   # Kein Wertabruf
      a

--->  $ echo \a                  # Keine Funktion
      a

--->  $ echo \\                  # Backslash als Wert
      \
```

Entwerten mit einfachen Hochkommata

Einfache Hochkommata (ASCII, dezimal 039) entwerten alle Zeichen zwischen ihnen. Man verwechsle sie optisch nicht mit den rückwärts gerichteten Hochkommata (ASCII, dezimal 096), die eine ganz andere Bedeutung haben und erst im Abschnitt 7.2 vorgestellt werden. Entwerten mit einfachen Hochkommata ist sinnvoll, wenn viele Backslashes benötigt würden.

Häufig wird aus Gründen der Übersichtlichkeit mehr entwertet als unbedingt notwendig ist. Im folgenden Beispiel würde das Entwerten der beiden Leerzeichen genügen.

```
Entwerten mit einfachen Hochkommata

--->  $ c=Hans' 'und' ' Lisa      # unübersichtlich

--->  $ c=' Hans und Lisa'        # übersichtlich
      $ echo $c
      Hans und Lisa
```

Man beachte, dass durch die einfachen Hochkommata, genau wie durch den Backslash, auch das $-Zeichen, mit dem Variablenwerte abgerufen werden, seine Sonderfunktion verliert.

```
--->  $ echo ' $c'
      $c
```

Entwerten mit doppelten Hochkommata

Backslash und einfache Hochkommata entwerten jedes Zeichen. Das ist manchmal gar nicht erwünscht. Es gibt Situationen, in denen von einer Zeichenfolge ein Teil zu entwerten ist und ein anderer nicht. Das folgende Beispiel zeigt ein *echo*-Kommando, das unter anderem einen Variablenwert ausgeben soll.

```
--->  $ i=17
      $ echo 15 '*' $i '>' 100
      15 * 17 > 100
```

Es entstehen schwer überschaubare Hochkommata- oder Backslash-Konstruktionen. Einfacher ist in einem solchen Fall die Verwendung doppelter Hochkommata (ASCII, dezimal 034) als Entwertungszeichen. Doppelte Hochkommata entwerten alle Zeichen zwischen ihnen, außer dem Variablenabruf-Zeichen *$*, dem rückwärts gerichteten Hochkomma, das erst im Abschnitt 7.2 behandelt wird, und dem Backslash. Der Backslash entwertet innerhalb doppelter Hochkommata aber lediglich die Funktion der vier Zeichen *Dollar*, *doppelte Hochkommata*, *rückwärts gerichtetes Hochkommata* und *Backslash*. Er entwertet also hier keine leere Funktion bei sonstigen Zeichen! Man beachte auch, dass einfache Hochkommata innerhalb der doppelten keine Entwerter sind.

Entwerten mit doppelten Hochkommata

```
--->  $ a=Adam
      $ c="$a        und        Eva"
      $ echo  $c
      Adam        und        Eva

--->  $ b=7
      $ echo "Dies ist ' $b' "
      Dies ist ' 7'

--->  $ echo "Mit \$ wird ein Wert abgerufen"
      Mit $ wird ein Wert abgerufen

--->  $ echo "\\ entwertet keine leere Funktion: \a ist \a"
      \ entwertet keine leere Funktion: \a ist \a
```

Typische Anwendungen des Entwertens findet man im Zusammenhang mit den Tools *grep* und *find*. Angenommen, man sucht mit grep in einer Textdatei namens *a.txt* nach dem Muster *Eva Maria*. Die Kommandoformulierung *grep Eva Maria a.txt* ist syntaktisch falsch. Sie bewirkt, dass das Suchmuster *Eva* in den Dateien *Maria* und *a.txt* gesucht wird. Ein Entwerten des Leerzeichens zwischen *Eva* und *Maria* mit einem der drei Verfahren ist notwendig.

Entwertungsbeispiel mit dem grep-Tool

```
--->   $ grep Eva\ Maria a.txt
--->   $ grep ' Eva Maria'  a.txt
--->   $ grep "Eva Maria" a.txt
```

Das *find*-Kommando sucht im Dateisystem nach Dateinamen. Dabei sind, und das ist bisher nicht erklärt worden, auch teilqualifizierte Dateinamen angebbar. Die Option *-name* hat die Form *-name Dateinamen-Suchmuster* wie beispielsweise in *-name a.**. Jetzt allerdings muss dieses Suchmuster entwertet (vor der Shell geschützt) werden, sonst expandiert die Shell *a.** anhand des aktuellen Verzeichnisses.

Entwertungsbeispiel mit dem find-Tool

```
--->   $ find / -name a.\* -print 2> /dev/null
--->   $ find / -name ' a.*'  -print 2> /dev/null
--->   $ find / -name „a.*ä“ -print 2> /dev/null
```

5.5 Export von Variablen

Prozesserzeugung

UNIX benutzt ein besonderes Verfahren, um Prozesse zu erzeugen. Dies detailliert zu besprechen, ist Aufgabe des Fachgebiets Systemprogrammierung und sprengt den Rahmen dieses Buchs. Bach [BAC91] gibt einen guten Einblick in diese Problematik.

Hier genügt der Hinweis, dass bei UNIX ein neuer Prozess nur dadurch entstehen kann, dass ein bereits vorhandener Prozess sich verdoppelt, und anschließend das Duplikat sein mit übernommenes Programm gegen ein anderes austauscht. Der duplizierte Prozess erhält eine neue Prozessnummer und arbeitet jetzt das neue Programm ab. So ist ein neuer Prozess entstanden. Alle Prozesse werden bei UNIX auf diese Art erzeugt. Lediglich der allererste Prozess wird beim Einschalten des Systems durch die Initialisierung des Betriebssystems direkt erzeugt.

Nach der Anmeldung beim System ist für jeden Benutzer eine Shell gestartet worden. Sie ist ein Benutzerprozess. Wenn ein Befehl abzuarbeiten ist, so verdoppelt sich die Shell, und ihr Duplikat arbeitet den Befehl ab. Ist der Befehl eine Kommandoprozedur, so ist jede Zeile des Scripts eine Kommandozeile. Die Verdopplung erfolgt jetzt für jede Zeile. Dieses Verfahren ist rekursiv und endet schließlich bei ausführbaren Programmen in Maschinensprache.
Im Abschnitt 7.1 wird gezeigt, dass der Benutzer Einfluss darauf nehmen kann, ob die Shell tatsächlich für die Abarbeitung einer Kommandoprozedur verdoppelt wird. Soll gar kein neuer Prozess entstehen, kann ein Script auch als eine Art Unterprogramm der Shell abgearbeitet werden.

Export von Variablen

Die Variablen bilden zusammen mit ihren Werten die Umgebung einer Shell. Wenn die Shell sich verdoppelt, so verdoppelt sie nur solche Variablen, bei denen dies ausdrücklich vermerkt ist. Diesen Vorgang nennt man Export von Variablen.
Ist eine Variable erst einmal als exportiert erklärt worden, behält sie diese Eigenschaft. Das heißt, man braucht das *export*-Kommando nicht ständig zu wiederholen.

export

export-Kommando

```
---> $ export Variable(n)        # Variablennamen, nicht
                                 # die Werte
```

Das folgende Beispiel zeigt die Wirkung des *export*-Kommandos. Es verwendet eine Kommandoprozedur namens *abc*, die den Wert einer Variablen namens *a* ausgibt.

```
# Script abc: Wert von a ausgeben
#
echo "a hat den Wert $a"
```

Wirkung des export-Kommandos (Teil 1)

```
--->  $ a=7
      $ abc
      a hat den Wert            # Im Script ist a unbekannt
```

Damit in einer Kommandoprozedur auf eine Variable zugegriffen werden kann, muss diese exportiert worden sein.

Wirkung des export-Kommandos (Teil 2)

```
--->  $ a=8
      $ export a
      $ abc
      a hat den Wert 8      # a ist durch Export bekannt
```

Man beachte, dass exportierte Variablen keine *globalen* Variablen sind. Damit ist folgendes gemeint. Verändert eine Kommandoprozedur den Wert einer Variablen, dann ist diese Änderung nur in der Kommandoprozedur, also nur lokal wirksam.

Man betrachte das folgende Script und seine Verwendung.

```
# Script seta7: Variable a auf 7 setzen und ausgeben
#
a=7
echo "Im Script: $a"
```

Variablen sind lokal

```
--->  $ a=3
      $ export a
      $ seta7
      Im Script: 7
      $ echo $a
      3                    # a ist unverändert
```

Sollen aus einer Kommandoprozedur Werte an das aufrufende Programm zurückgegeben werden, dann benutzt man in der Regel dafür eine Datei, in die die Kommandoprozedur schreibt, und aus der dann das aufrufende Programm liest.
Im Abschnitt 7.2 wird mit dem Mechanismus der Kommandosubstitution eine weitere Wert-Rückgabemöglichkeit vorgestellt.

Übungen

Praktische Übung

5.1 Man schreibe ein Shell-Script namens *info*, das Informationen über die aktuelle Terminalsitzung liefert.

In dem folgenden Fragment der Ausgabe von *info* sollen Ausdrücke in spitzen Klammern Beispiele für jeweils aktuelle Werte sein. Die spitzen Klammern sollen nicht ausgegeben werden. Es soll Ihnen überlassen bleiben, welche Informationen Sie ausgeben wollen und wie die Ausgabe aufgebaut ist. Bemühen Sie sich nicht um eine besondere Formatierung. Sie wird sich in Zusammenhang mit dem Werkzeug *awk* als sehr einfach erweisen. Um die Anzahl der Benutzerkennungen zu ermitteln, greifen Sie am einfachsten auf */etc/passwd* zu. Zwar ist wegen einiger Verwaltungskennungen nicht jeder Eintrag dort eine Benutzerkennung, aber es ist eine ganz gute Näherung. Wird das bereits bekannte Tool *wc* (*Word Count*) mit der Option *-l* (für Lines) aufgerufen, zählt es nur die Zeilen seiner Standard-Eingabedatei. Liest es aus einer Pipeline, so erscheint in seiner Ausgabe kein Dateiname.

```
---> $ info

    *****   S Y S T E M I N F O   *****

    Heute ist <Tue>, der <24>. <Sept> <2002>.

    Mein aktuelles Verzeichnis ist </usr/schaffrath>.

    Angemeldet bin ich als <schaffrath> am Terminal <tty014>.

    Derzeit sind <6> von <65> Benutzern aktiv.
```

Um aus der Ausgabe eines Kommandos Teile zu isolieren und Variablen zuzuweisen, kann vorläufig der Weg über eine Datei beschritten werden. Dabei schreibt ein Kommando in eine Datei, und mit *read* werden dann aus ihr Variablen entsprechend belegt.

Die Abschnitte 6.4 und 7.2 werden in Kombination miteinander eine wesentlich einfachere Methode verfügbar machen.

Verständnisfragen

5.2 Welche Zugriffsrechte werden für den Aufruf einer Kommandoprozedur benötigt?

5.3 Gibt es in der Bourne-Shell Integervariablen?

5.4 Von der Standard-Eingabedatei wird mit dem Kommando *read a b* die Zeile *17 ist eine Primzahl* gelesen. Welche Werte nehmen die beiden Variablen an?

5.5 Geben Sie ein *echo*-Kommando an, das die Zeichenfolge *"7 * 7" ist "49"* einschließlich der Hochkommata auf die Standard-Ausgabedatei schreibt.

5.6 Was liefert nach einer Wertzuweisung mit *a=Test* das Kommando

echo $a \$a ' $a' "$a"?

Hinweise auf den interaktiven Lehrgang auf CD-ROM

Zu dem Kapitel Einfache Kommandoprozeduren (Shell-Scripts)

empfiehlt es sich, folgende Lektion auf der CD-ROM zu bearbeiten:

- Sonstiges

- Shellscripts

6 Shell-Variablen

6.1 Umsetzbare Shell-Variablen

Heimat-Dateiverzeichnis

Im Abschnitt 5.2 sind benutzerdefinierte Variablen vorgestellt worden. Neben diesen gibt es Variablen, die zur Shell gehören und ihre Arbeitsweise beeinflussen. Sie heißen Shell-Variablen (im engeren Sinne). Einige von ihnen sind dem Benutzer lesend und schreibend zugänglich, andere sind schreibgeschützt. Der Benutzer kann diesen Schreibschutz nicht aufheben. Er kann lediglich die Werte abrufen. Zu den Variablen, auf die der Benutzer lesend und schreibend zugreifen kann, gehören beispielsweise HOME und PATH. Als Shell-Variablen sind beide Namen mit Großbuchstaben geschrieben.

HOME Variablenwert ist der Pfadname des Heimatverzeichnisses des Benutzers.

$HOME

Die Variable HOME

```
---> $ echo $HOME
     /usr/schaffrath
```

Bei der Aufnahme des Rechenbetriebs wird diese Variable auf den Wert gesetzt, der in der Datei */etc/passwd* als sechstes Feld (vergleiche Abschnitt 3.1) angegeben ist. Danach kann der Benutzer dieser Variablen einen anderen Wert zuweisen. Diese Zuweisung könnte in der Startup-Datei *.profile* (vergleiche Übung 2.2 und Abschnitt 7.1) enthalten sein, so dass der Benutzer seine Terminalsitzung in einem seiner Unterverzeichnisse beginnt.

Man beachte, dass durch die Veränderung der HOME-Variablen keine Zugriffsrechte verändert werden. Setzt ein Benutzer beispielsweise sein Heimatverzeichnis auf / (Root), dann führt ihn zwar jeder Aufruf von *cd* (ohne Argument) nach Root, aber er hat dort keinerlei zusätzliche Rechte bekommen. Es ist für einen Anwender nicht sinnvoll, seine HOME-Variable auf Werte zu setzen, die außerhalb seines Zugriffsbereichs liegen. Für den Systemverwalter (Superuser) ist HOME auf / gesetzt: Root ist sein Heimatverzeichnis.

Suchpfade der Shell

PATH Variablenwert ist eine Folge von Dateiverzeichnissen, in denen die Shell nach Kommandos (ausführbaren Dateien) sucht.

$PATH

Die Variable PATH

```
---> $ echo $PATH
     :/bin:/usr/bin
```

Bei einem Kommandoaufruf sucht die Shell, wenn es sich nicht um ein eingebautes Kommando handelt, in den in der PATH-Variablen angegebenen Verzeichnissen nach einer Datei, deren Dateiname gleich dem Kommandonamen ist. Die einzelnen Verzeichnisse in der PATH-Variablen sind durch einen Doppelpunkt voneinander getrennt. Das aktuelle Verzeichnis kann dabei als . (Punkt) geschrieben werden. Darauf kann man auch verzichten, wenn nur der zugehörige Trenner (ein Doppelpunkt) angegeben wird.

.:/bin:/usr/bin :/bin:/usr/bin	Die beiden Ausdrücke sind äquivalent. Zuerst wird im aktuellen Verzeichnis, dann in /bin und dann in */usr/bin* gesucht.
/bin::/usr/bin	Zuerst wird in */bin*, dann im aktuellen Verzeichnis und dann in */usr/bin* gesucht.
/bin:/usr/bin:	Die Suche beginnt in */bin*, gefolgt von */usr/bin* und dem aktuellen Verzeichnis.

Erweiterungen des Werts der PATH-Variablen sind durch Wertzuweisungen der folgenden Art leicht zu erreichen. Bei dem Beispiel soll in den bisherigen Suchpfad zusätzlich das Verzeichnis */usr/schaffrath/bin* aufgenommen werden.

Suchpfad erweitern

```
---> $ PATH=$PATH:/usr/schaffrath/bin
     $ echo $PATH
     :/bin:/usr/bin:/usr/schaffrath/bin
```

Promptzeichen der Shell

Neben HOME und PATH sollen noch drei weitere vom Benutzer umsetzbare Shell-Variablen vorgestellt werden. Das sind noch nicht alle, aber eine ausführlichere Behandlung würde über den Rahmen dieser Einführung hinausgehen. Vertiefungen finden sich beispielsweise bei Bourne [BOU92]. Die folgenden beiden Variablen spezifizieren jeweils ein Promptzeichen.

PS1 Das Promptzeichen der Bourne-Shell (*Prompt String 1*) ist mit einem Dollarzeichen, dem ein Leerzeichen folgt, voreingestellt.

Rechner in einem Netzwerk (vgl. Kapitel 12) nennt man Hosts. Sie haben im Netzwerk eindeutige Namen, sogenannte *Hostnames.* Anwender, die häufig ihren aktuellen Netzrechner wechseln, setzen oft PS1 auf den jeweiligen Rechnernamen, um am Promptzeichen zu erkennen, wo im Netz sie gerade sind. Ist der Rechnername nicht bekannt, liefert ihn das Kommando *uname* mit der Option -n. Eine umfassendere Beschreibung von *uname* findet man bei Gulbins [GUL95].

Rechnername ermitteln

```
---> $ uname -n
     sys03
```

PS1 auf den Rechnernamen sys03
(und ein Leerzeichen) setzen

```
---> $ PS1=' sys03 '
     sys03                # Neues Promptzeichen
```

MS-DOS-Anwender waren daran gewöhnt, als Promptzeichen den Pfadnamen des aktuellen Verzeichnisses zu verwenden. Das ist bei UNIX leider nicht elementar möglich. Das *cd*-Kommando beeinflusst die PS1-Variable nicht. Der naheliegende Lösungsansatz, für *cd* ein eigenes Shell-Script zu erstellen, ist relativ kompliziert, weil PS1 wie jede Variable (der Shell) nur lokal bekannt ist.

PS2 Es gibt ein zweites Promptzeichen (*Prompt String 2*) der Bourne-Shell. Es wird immer dann ausgegeben, wenn die Shell erkennen kann, dass ein Kommando unvollständig ist. Voreingestellt ist das Zeichen >, dem ein Leerzeichen folgt.

Zweites Promptzeichen

```
---> $ echo ' abc         # Schließender Entwerter fehlt
     > def
     abcdef
```

Interner Feldtrenner

Die Shell zerlegt eine Kommandozeile aufgrund der trennenden Wirkung der Leer-, Tabulator- und NEWLINE-Zeichen in Felder, sogenannte Token. Nachdem diese Token gebildet worden sind, versucht die Shell eine weitere Zerlegung der Token durchzuführen. Dazu verwendet sie den Wert der Variablen IFS (*Internal Field Separator*) als zusätzliche Trennsymbole.

IFS Mit den Zeichen, die den Wert dieser Variablen bilden, zerlegt die Shell ihre Token aus der Kommandozeile. Voreingestellt sind Leer-, Tabulator- und NEWLINE-Zeichen.

Aufgrund der Voreinstellung ist die Wirkungsweise des internen Feldtrenners bisher nicht sichtbar geworden. Anwendungen finden sich im Abschnitt 7.2.

Interner Feldtrenner

```
--->  $ IFS=$IFS:          # Zusätzlich ein Doppelpunkt
      $ cat  a.b:a.c

 Token 1 ist cat
 Token 2 ist a.b:a.c
 Wegen des IFS-Werts ist   Token 2.1 gleich a.b
                           Token 2.2 gleich a.c
```

Die Shell startet das cat-Kommando mit den beiden Argumenten a.b und a.c genau so, als wäre folgender Aufruf erfolgt:

```
--->  $ cat  a.b  a.c
```

6.2 Nicht umsetzbare Shell-Variablen

Prozesskennzahlen

Die Shell speichert zwei Prozesskennzahlen (*Process Identities, PIDs*) in jeweils einer Variablen. Diese Variablen sind vom Benutzer nicht änderbar, sondern nur lesbar. Eine Änderungsmöglichkeit könnte sehr leicht die Systemverwaltung stören.

**$** In der Variablen namens *$* (man verwechsle den Variablennamen nicht mit dem Wertabrufsymbol) speichert die Shell ihre eigene Prozesskennzahl.

```
echo  $$        # liefert die PID der Shell
```

! Die Shell-Variable namens *!* nimmt die PID des jeweils letzten Hintergrundprozesses auf.

```
echo  $!      # liefert die PID des letzten Hintergrund-
              # prozesses
```

Rückgabewerte von Shell-Kommandos

Jedes Shell-Kommando übergibt an seinem Ende der Shell, in der es aufgerufen worden ist, einen Beendigungswert. Damit macht das Kommando eine Aussage darüber, ob es erfolgreich beendet worden ist, oder ob bei der Abarbeitung Fehler aufgetreten sind. Als Wert für eine erfolgreiche Beendigung dient die Zahl 0. Ein fehlerhaftes Kommando-Ende wird durch eine positive Zahl ausgedrückt. Manchmal macht diese Zahl, abhängig vom Kommando, eine Aussage über die Art des Fehlers. Die Shell speichert den Rückgabewert (*Exit Value, Return Value*) eines Kommandos in einer vom Benutzer nicht änderbaren Variablen namens *?* (Fragezeichen).
Jeder Kommandoaufruf überschreibt an seinem Ende diesen Variablenwert.

? Die Variable *?* nimmt den Rückgabewert des jeweils letzten Shell-Kommandos auf.

```
echo  $?          # 0:          Erfolgreich
                  # grösser 0:  Fehlerhaft
```

Rückgabewerte von Shell-Kommandos

```
--->  $ chmod 000  a.b       # Datei a.b soll existieren
      $ echo  $?
      0                      # chmod erfolgreich
      $ echo  $?
      0                      # Erstes echo erfolgreich
      $ cat  a.b
      cannot open a.b
      $ echo  $?
      1                      # cat nicht erfolgreich
      $ echo  $?
      0                      # Vorheriges echo
                             # erfolgreich!
```

6.3 Argumente aus der Kommandozeile

Kommandoname und Parameter

Kommandoprozeduren werden häufig parametrisiert, das heißt mit Argumenten versehen aufgerufen. Der Prozess, der ein solches Script abarbeitet, speichert den Namen der zugehörigen Datei und alle Argumente aus der Kommandozeile in Variablen mit den Namen 0, 1, 2 usw. bis 9. Diese Variablen können vom Benutzer gelesen und abgefragt, jedoch nicht durch eine direkte Wertzuweisung geändert werden. Im Abschnitt 6.4 wird eine Methode gezeigt, diese Variablen indirekt neu zu belegen. Die folgende Übersicht zeigt ihren Inhalt:

Dateiname	\$0 (Die Variable heißt 0.)
Erstes Argument	\$1 (Die Variable heißt 1.)
...	
Neuntes Argument	\$9 (Die Variable heißt 9.)

Dass es sich hier nur um zehn Variablen handelt, ist lediglich auf den ersten Blick eine Einschränkung. Wenn es mehr als neun Argumente (mehr als zehn Token in der Kommandozeile) gibt, dann werden alle diese Argumente gespeichert. Um sie über eine der obigen Variablen zugänglich zu machen, ist das *shift*-Kommando geschaffen worden. Ein Aufruf von *shift* bewirkt, dass die Variable 1 den Wert der Variablen 2 bekommt, die Variable 2 den Wert der Variablen 3 usw. Die Variable 0 bleibt unberührt. Der bisherige Wert der Variablen 1 ist verloren, wenn er vorher nicht explizit umgespeichert wurde. Die Variable 9 bekommt den Wert des bisher namenlosen zehnten Arguments usw.

Verwaltungsvariablen

Um die Argumente beim Aufruf einer Kommandoprozedur zu verwalten, gibt es unter anderem die beiden folgenden Variablen, mit denen das Thema allerdings nicht erschöpfend behandelt wird. Für Vertiefungen sei auf das Buch von Bourne [BOU92] verwiesen.

Alle Argumente aus der Kommandozeile (ohne den Dateinamen) werden, durch je ein Leerzeichen getrennt, als eine einzige Zeichenkette in einer Variablen namens * (Sternchen) gespeichert. In einer Variablen namens # (Raute) wird die Anzahl der Argumente (wieder ohne den Dateinamen) geführt.

Alle Argumente als ein einziger String: $* (Die Variable heißt *.)
Anzahl der Argumente: $# (Die Variable heißt #.)

Viele Kommandoprozeduren prüfen ganz am Anfang die Zahl ihrer Aufrufparameter. Sind Parameter vorhanden, wird geprüft, ob es sich um Optionen handelt, und wenn ja, um welche. Da bislang die dafür notwendigen Abfragemöglichkeiten noch nicht vermittelt worden sind, muss das nächste Beispiel etwas unbefriedigend bleiben. Aber es zeigt deutlich den Zugriff auf die Aufrufparameter.

```
# Ein Script namens abc, das auf seine Aufrufparameter zugreift

echo "Ich bin $0 \c"

echo "und habe $# Argumente."

echo "Das erste von ihnen ist $1."
```

Ein Aufruf des Scripts abc

```
---> $ abc -xy neu.dat
     Ich bin abc und habe 2 Argumente.
     Das erste von ihnen ist -xy.
```

6.4 Wertzuweisung an die Variablen 1, 2, ..., 9

Das set-Kommando

Das *set*-Kommando hat vielfältige Anwendungen. Beispielsweise können mit *set* Optionen (Ablaufsteuerungen) für die Shell gesetzt werden. Eine Behandlung dieses Themas geht über das Anliegen einer Einführung hinaus. Es kann auf Bourne [BOU92] und Gulbins [GUL95] verwiesen werden. Wird *set* ohne Argument aufgerufen, gibt es die benutzerdefinierten und die änderbaren Variablen der Shell samt ihrer Werte aus. Interessiert man sich nur für eine Variable, ist das *echo*-Kommando zur Wertausgabe vorzuziehen.

set

Variablen der Shell ausgeben

```
---> $ set
     EXINT=set nu
     HOME=/usr/schaffrath
     IFS=

     MAIL=/usr/mail/schaffrath
     PATH=:/bin:/usr/bin:/usr/schaffrath/bin
     PS1=$
     PS2=>
     TERM=vt100
     a=7
     b=Willy
```

Im letzten Abschnitt war darauf hingewiesen worden, dass die Variablen, die die Argumente beim Aufruf einer Kommandoprozedur aufnehmen, zwar nicht direkt (per Wertzuweisung) umgesetzt werden können, dass dies jedoch indirekt möglich sei. Das ist eine weitere Anwendung des *set*-Kommandos. Werden dem *set*-Kommando beim Aufruf Strings (keine Optionen!) als Parameter mitgegeben, dann werden die von der Shell beim Bearbeiten der Kommandozeile separierten einzelnen Teilstrings der Reihe nach den Variablen *1, 2, 3* usw. zugewiesen.
Die Teilstrings werden so behandelt, als wären es Aufrufargumente. Das bedeutet unter anderem, dass vorhandene Werte dieser Variablen überschrieben werden, und dass das *shift*-Kommando benutzt werden kann, um mehr als neun Teilstrings zugänglich zu machen. Auch die beiden Verwaltungsvariablen * und # werden entsprechend neu gesetzt. Die Variable 0 bleibt von der Teilstringzuweisung unbeeinflusst. Bei der Zerlegung der Kommandozeile durch die Shell beachte man die Wirkung des internen Feldtrenners IFS. Seine gezielte Verwendung erlaubt eine weitgehende Zerlegung der *set*-Argumente. Im Abschnitt 7.2 wird dazu ein anwendungsrelevantes Beispiel gegeben.

Wertzuweisung mit dem set-Kommando

```
---> $ set eins zwei drei
     $ echo $2
     zwei
     $ echo $#
     3
     $ echo $*
     eins zwei drei
```

Übungen

Verständnisfragen

6.1 Der Kommandoaufruf *cat a.b* besteht aus zwei Namensangaben. *cat* bezeichnet ein Kommando und *a.b* eine Datei. Wie findet die Shell das Kommando, wie die Datei?

6.2 Welches Verzeichnis ist Heimatverzeichnis des Superusers?

6.3 Der interne Feldtrenner enthalte als Wert nur das Zeichen . (Punkt). Ist das Kommando *cat.a.b* zu *cat a.b* oder zu *cat a b* äquivalent oder führt der Aufruf zu der Fehlermeldung *cat.a.b*: not found?

6.4 Speichert die Shell die Prozesskennzahlen aller Hintergrundprozesse in Variablen?

6.5 Welche Ausgabe liefert das am Ende des Abschnitts 6.3 angegebene Shell-Script *abc*, wenn es in xyz umbenannt (*mv abc xyz*) und dann in der Form *xyz a a a a a a* aufgerufen wird?

6.6 Schreibt in der folgenden Kommandofolge das *echo*-Kommando *Hans* auf seine Standard-Ausgabedatei?

```
a='Hans und Lisa'
set "$a"
echo $1
```

Hinweise auf den interaktiven Lehrgang auf CD-ROM

Zu dem Kapitel Dateisystem empfiehlt es sich, folgende Lektion auf der CD-ROM zu bearbeiten:

- Sonstiges

- Shellvariablen

7 Kommandoausführung

7.1 Punkt-Kommando

Prozesserzeugung bei Shell-Kommandos

Die Methode, mit der die meisten Shell-Kommandos und alle Kommandoprozeduren abgearbeitet werden, ist schon sehr UNIX-spezifisch. Die Abbildung 12 zeigt anschaulich diesen Vorgang für das *who*-Kommando.

Die Shell liest who vom Terminal, erkennt es als Kommando, das als Datei vorliegt, und verdoppelt sich.

Die Kopie erkennt who als Kommando in Maschinensprache und überlagert sich damit.

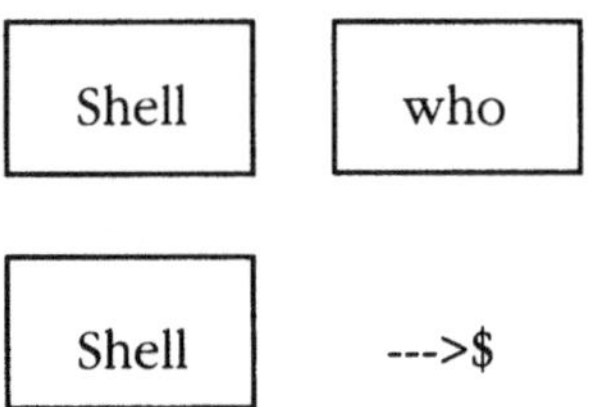

Abb. 12: Verdopplung der Shell

Unter dem Gesichtspunkt der Verdopplung der Shell ist ein Shell-Kommando entweder in die Shell als Unterprogramm eingebaut, oder es liegt als Programm in einer Datei vor. Eingebaute Kommandos führen nicht zur Verdopplung der Shell. Dazu gehören Wertzuweisungen an Variablen sowie die

Kommandos *cd, pwd, echo, exit, export* und alle Kontrollstrukturen (vgl. Kapitel 8). Vollständige Zusammenstellungen der *Eingebauten Kommandos* findet man bei Bourne [BOU92] und Gulbins [GUL95].

Programme in Dateien liegen entweder in Maschinensprache vor, oder es sind Kommandoprozeduren (Textdateien), die als ausführbar gekennzeichnet sind. Liest die Shell ein Kommando, das als Datei vorliegt, dann verdoppelt sie sich. Wie in der Abbildung 12 gezeigt wird, prüft die Kopie der Shell, ob es sich um ein Programm in Maschinensprache handelt. Ist dies der Fall, so ersetzt die Kopie der Shell ihr Programm (also in einem gewissen Sinne sich selbst) durch das des Kommandos.

Nach der Verdopplung gibt es die ursprüngliche Shell und daneben eine Kopie von ihr. Es ist eine exakte Kopie des Shell-Programms, jedoch keine exakte Kopie bezüglich der Variablen der Shell, denn es werden nur solche Variablen mitkopiert, die vorher als exportiert erklärt worden sind. Damit wird die Bedeutung des *export*-Kommandos deutlich. Es ist eine Anweisung an die Shell, die angegebene(n) Variable(n) bei jedem Verdoppeln der Kopie mitzugeben.

Stellt die Kopie der Shell fest, dass das auszuführende Kommando eine Kommandoprozedur ist, dann liest sie das Script zeilenweise und behandelt jede Zeile als Kommandozeile. Das heißt, dass für jedes Kommando, das als Datei vorliegt, eine Kopie der Kopie der Shell erzeugt wird. Das Verfahren ist rekursiv und endet bei Programmen in Maschinensprache. Abbildung 13 zeigt den Verdopplungsmechanismus bei der Abarbeitung einer Kommandoprozedur, wobei die Prozedur aus zwei Kommandos besteht, die in Maschinensprache in Dateien vorliegen. Dabei werden die für die Ausführung von Kommandoprozeduren benötigten Zugriffsrechte deutlich. Damit die Datei als Kommandoprozedur erkennbar ist, ist ein x-Bit (Ausführungsrecht) erforderlich, und da die Kopie der Shell aus dieser Datei lesen muss, wird ein r-Bit (Leserecht) benötigt.

Vorder- und Hintergrundprozesse (vgl. Abschnitt 4.4) unterscheiden sich unter anderem durch den Zeitpunkt, in dem die Shell ihr Promptzeichen wieder ausgibt. Bei einem Vordergrundprozess wartet sie damit, wie in den Abbildungen 12 und 13 dargestellt, auf das Ende ihrer Kopie. Bei einem Hintergrundprozess gibt sie das Promptzeichen sofort nach ihrer Verdopplung aus, ohne auf das Ende ihrer Kopie zu warten.

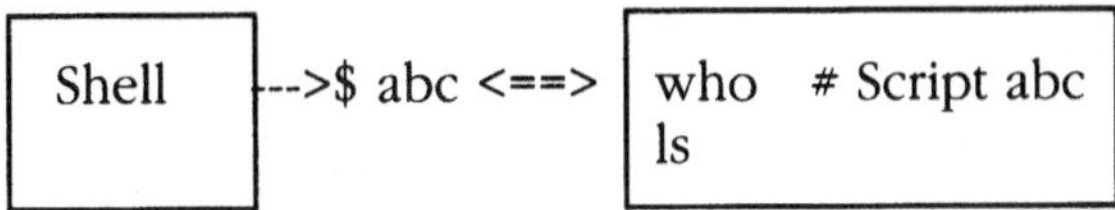

Die Shell liest abc vom Terminal, erkennt es als Kommando, das als Datei vorliegt, und verdoppelt sich.

Die Kopie erkennt abc als Script, liest daraus who, erkennt es als Kommando, das als Datei vorliegt, und verdoppelt sich.

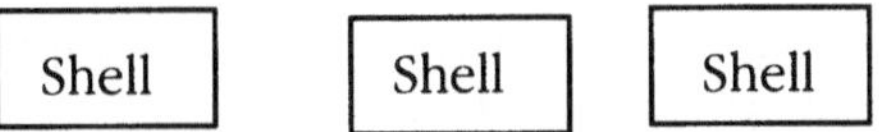

Die Kopie der Kopie erkennt who als Kommando in Maschinensprache und überlagert sich damit.

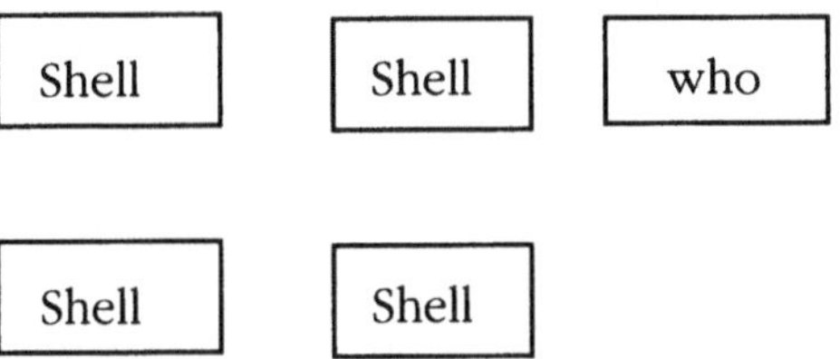

Die Kopie liest aus abc das Kommando ls, erkennt es als Kommando, das als Datei vorliegt, und verdoppelt sich.

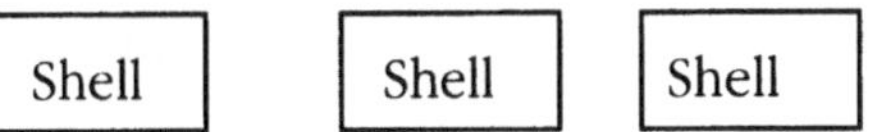

Die Kopie der Kopie erkennt ls als Kommando in Maschinensprache und überlagert sich damit.

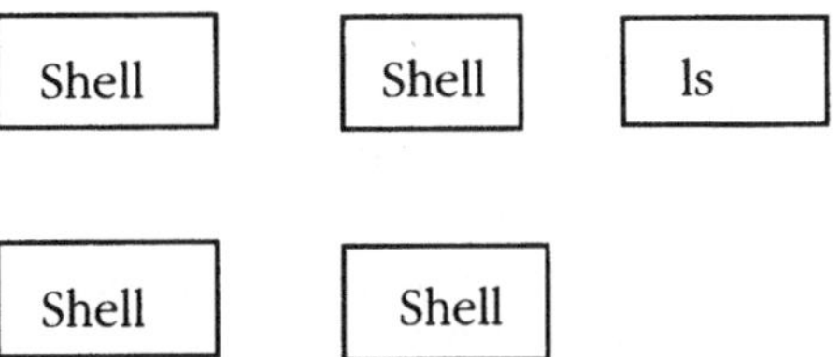

Die Kopie hat abc zu Ende gelesen und beendet sich.

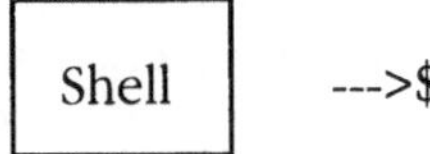

Abb. 13: Shells bei der Abarbeitung von Kommandoprozeduren

Die Kommandoprozedur .profile

Der eben beschriebene Verdopplungsprozess der Shell hat zur Folge, dass Änderungen von Variablenwerten, die in der Kopie stattfinden, nur dort wirken, nicht jedoch in der Original-Shell. Wird beispielsweise am Terminal die Wertzuweisung *a=7* eingegeben, dann beeinflusst diese Wertzuweisung die Original-Shell, weil für Wertzuweisungen keine Verdopplung der Shell stattfindet. Wird jedoch versucht, die Wertzuweisung mit Hilfe eines Shell-Scripts durchzuführen, dann verdoppelt sich die Shell, um das Script abzuarbeiten, und die Kopie liest die Wertzuweisung und wird von ihr beeinflusst.

Dieses Verhalten vereinfacht in den meisten Fällen das Programmieren mit Kommandoprozeduren, weil nach ihrer Beendigung keine Variablensetzungen rückgängig gemacht werden müssen. Es gibt jedoch Situationen, in denen genau dieses Verhalten unerwünscht ist. Das Standardbeispiel dafür ist das Startup-Script *.profile*, das bereits in der Übung 2.2 kurz angesprochen worden ist. Bei jeder Anmeldung beim System wird diese Kommandoprozedur ausgeführt, wenn sie vorhanden ist und sich im Heimatverzeichnis des Benutzers befindet. Erst dann können Befehle eingeben werden. Üblicherweise werden in *.profile* bestimmte, eine Arbeitsumgebung einrichtende, Kommandos gestartet, Anfangswerte für bestimmte Variablen gesetzt und diese Variablen exportiert. Typisch ist das Umsetzen der PATH-Variablen auf einen individuellen Wert.

PATH-Variablen

Würde *.profile* als Kommandoprozedur in der üblichen Weise abgearbeitet werden, wäre das Setzen z.B. der PATH-Variablen nach Beendigung des Scripts wirkungslos. Genau für diese Situation, für die sinnvolle Abarbeitung von Scripts wie *.profile*, ist eine weitere Methode zur Abarbeitung von Kommandoprozeduren entwickelt worden. Dabei wird die Kommandoprozedur als Argument eines speziellen Kommandos, des *Punkt-Kommandos*, angegeben. Das Kommando wird als . (Punkt) geschrieben und hat nichts mit dem führenden Punkt bestimmter Dateinamen zu tun. Wird eine Kommandoprozedur (man beachte, dass es sich ausschließlich um Kommandoprozeduren handelt) mit dem Punkt-Kommando gestartet, dann wird für das Lesen des Shell-Scripts keine Kopie der Shell erzeugt. Die Kommandoprozedur wird von der Shell selbst gelesen. Das ist so, als würden die Kommandos der Kommandoprozedur über die Tastatur eingegeben werden. Das heißt, dass Variablenumsetzungen in der Original-Shell wirken.

Als Anwendung soll der relativ häufig vorkommende Fall betrachtet werden, dass ein Benutzer seine Datei *.profile* editiert und beispielsweise die PATH-Variable verändert hat. Diese Änderung wirkt jedoch erst, wenn *.profile* erneut gestartet wird. Eine etwas umständliche Methode besteht darin, sich beim System ab- und gleich wieder anzumelden, um dadurch *.profile* automatisch ausführen zu lassen. Einfacher ist es jedoch, das Script mit dem Punkt-Kommando zu starten. Dann wirkt die Neusetzung der PATH-Variablen in der aktuellen Shell.

```
# Ein Shell-Script .profile
# PATH erweitern und exportieren

PATH=$PATH:/usr/schaffrath/bin
export PATH
```

Start der Kommandoprozedur .profile mit dem Punkt-Kommando

```
--->  $ echo $PATH
      :/bin:/usr/bin                          # Vorher

--->  $ . .profile                      # Punkt-Kommando
      $ echo $PATH
      :/bin:/usr/bin:/usr/schaffrath/bin      # Nachher
```

Man beachte, dass das Punkt-Kommando zwar mit Blick auf die Startup-Datei *.profile* entwickelt worden ist, sich jedoch keineswegs darauf beschränkt. Durch das Punkt-Kommando wird lediglich das Lesen aus dem angegebenen Script auf die Original-Shell verlagert, und es wird keine Kopie der Shell erzeugt. Befindet sich in der Kommandoprozedur ein Aufruf eines Shell-Kommandos, dann findet für dieses der beschriebene Verdopplungsprozess wieder statt, außer es wird ebenfalls mit dem Punkt-Kommando gestartet.

7.2 Kommandosubstitution

Rückwärts gerichtete Hochkommata

Neben dem Punkt-Kommando gibt es noch weitere, seltener verwendete Möglichkeiten, Kommandoprozeduren auszuführen.

Dazu gehören zeitlich verzögerte und regelmäßig wiederkehrende Aufrufe. Beide werden im Abschnitt 13.3 des Kapitels über Aufgaben der Systemverwaltung vorgestellt. Darüber hinaus noch vorhandene Möglichkeiten werden mit einer Ausnahme in keinem der Beispiele und Übungen des vorliegenden Buchs benutzt. Deshalb wird auf ihre Behandlung verzichtet und auf die Literatur verwiesen. Das Buch von Sobell [SOB98] geht auf alle Methoden ein. Die Ausnahme, die gemacht werden soll, ist allerdings wichtig, weil sie eine mächtige Eigenschaft der Shell verfügbar macht. Diese Kommandoausführungsmethode ist mit den bereits mehrfach erwähnten rückwärts gerichteten Hochkommata verbunden. Aufgrund der leichten optischen Verwechslungsmöglichkeit mit den *normalen* einfachen Hochkommata wird der Leser um erhöhte Aufmerksamkeit gebeten.

Eine Kommandozeile kann einen Ausdruck der Form *\`Kommando\`* enthalten. Die Shell führt dann das in den rückwärts gerichteten Hochkommata angegebene Kommando aus und ersetzt in der Kommandozeile den Ausdruck *\`Kommando\`* einschließlich der Hochkommata durch die Ausgabe des Kommandos. Erst dann wird das (eigentliche) Kommando in der so modifizierten Kommandozeile gestartet. Man spricht von einer Kommandosubstitution. Es ist nicht möglich, Kommandosubstitutionen zu verschachteln. Im folgenden Beispiel wird eine Kommandosubstitution mit dem *set*-Kommando gekoppelt. Bei der Bearbeitung von *set \`date\`* durch die Shell wird zuerst *date* ausgeführt und mit dem Ergebnis *set* parametrisiert.

set

Das *set*-Kommando (vgl. Abschnitt 6.4) belegt dann die Variablen 1, 2 usw. mit den Token der *date*-Ausgabe.

Anwendung für eine Kommandosubstitution

```
--->  $ date
      Tue Jul 30 18:39:07 MEZ 2002      # date-Ausgabe

--->  $ IFS=$IFS:                       # Feldtrenner erweitern
      $ date
      Tue Jul 30 18 39 07 MEZ 2002
      $ set `date`                      # Kommandosubstitution
      $ echo $5
      39
```

Entwertung

Die Zeichen zwischen zwei rückwärts gerichteten Hochkommata sind entwertet. Insbesondere führt die Shell dort keine Variablensubstitutionen und keine Dateinamenexpandierungen durch. Lediglich der Backslash behält seine Funktion als Entwerter. Entwerten kann er allerdings nur ein einzelnes rückwärts gerichtetes Hochkomma, um ihm die schließende (oder öffnende) Wirkung zu nehmen. Dass die rückwärts gerichteten Hochkommata entwerten, heißt, dass die Shell das zu substituierende Kommando so zur Ausführung bringt, wie es in der Kommandozeile steht. Bei der Ausführung selbst werden jedoch die üblichen Ersetzungen vorgenommen.
Das zu substituierende Kommando wird *normal* abgearbeitet. Das folgende Beispiel soll dies verdeutlichen.

Beispiel zur Entwertung bei der Kommandosubstitution

```
--->  $ ls                  # Genau eine sichtbare Datei
      wxb.txt               # im aktuellen Verzeichnis

--->  $ echo `echo w*`      # 1. Die Shell lässt w* unverändert
      wxb.txt               # 2. Gestartet wird: echo w*
                            # 3. echo w* liefert wxb.txt
                            # 4. Gestartet wird: echo wxb.txt
```

7.3 Reihenfolge der Shell-Aktionen

Fünf Schritte

Bevor die Shell ein Kommando zur Ausführung bringt, bearbeitet sie die zugehörige Kommandozeile. Häufig verändert sie sie dabei. Beispielsweise ersetzt sie Variablennamen samt deren Wertabrufsymbol durch den jeweiligen Variablenwert. Insgesamt gibt es fünf in ihrer Reihenfolge festliegende Shell-Aktionen, von denen jede in einem eigenen Durchlauf erfolgt. Dabei wird stets die Kommandozeile von links nach rechts bearbeitet.

(1) Segmentierung: Die Kommandozeile wird durch Leer-, Tabulator- und NEWLINE-Zeichen in Token zerlegt.

(2) Variablensubstitution: Alle Variablenwertabrufe werden durch ihren Variablenwert ersetzt.

(3) Kommandosubstitution: Jeder Ausdruck der Form *\`Kommando\`* wird durch die Ausgabe des Kommandos ersetzt.

(4) Interpretation des internen Feldtrenners: Alle vorhandenen Token werden gemäß der Werte der Variablen IFS in kleinere Token zerlegt.

(5) Dateinamen-Expandierung: Die vorhandenen Dateinamen-Suchmuster werden zu Dateinamen expandiert.

Umwandlungsbeispiel

Durch die Aktionen der Shell kann eine Kommandozeile sehr stark verändert werden, bevor das Kommando schließlich ausgeführt wird. Das folgende Beispiel zeigt eine solche Umwandlung durch die Shell. Um möglichst übersichtlich zu bleiben, ist es so formuliert, dass nicht alle Shell-Aktionen Auswirkungen haben.

Umwandlungsbeispiel

```
--->  $ ls                # Genau eine sichtbare Datei
      wxb.txt             # im aktuellen Verzeichnis

--->  $ a=' w*'
      $ echo $a           # (1) 2 Token: echo $a
      wxb.txt             # (2) 2 Token: echo w*
                          # (3) 2 Token: echo w*
                          # (4) 2 Token: echo w*
                          # (5) 2 Token: echo wxb.txt
```

Das eval-Kommando

In einem engen Zusammenhang mit den Shell-Aktivitäten steht das Kommando *eval.* Es erwartet als Argument ein Shell-Kommando. Wenn *eval* ausgeführt wird, wendet es die Shell-Aktivitäten auf dieses Kommando an und startet es dann. Damit werden die Shell-Aktivitäten bei dem Kommando, das als Parameter angegeben worden ist, zweimal durchgeführt: das erste Mal durch die Shell, wenn sie die Kommandozeile liest, und zum zweiten Mal, wenn *eval* ausgeführt wird.

Beispiel zu eval

```
--->  $ a=' $b'
      $ b=c
      $ eval  echo  $a     # 1. Die Shell ersetzt $a durch $b
      c                    # 2. eval ersetzt $b durch c
                           # 3. Gestartet wird: echo  c
```

Übungen

Praktische Übung

7.1 Als Übung 5.1 war ein Shell-Script *info* zu erstellen, bei dem es etwas umständlich war, Teile der Ausgabe von Shell-Kommandos zu isolieren.
Man denke an das Herauslösen der Uhrzeit aus der Ausgabe des *date*-Kommandos. Kommandosubstitutionen in Verbindung mit der Wirkung des *set*-Kommando lassen diese Aufgabe sehr einfach werden. Man überarbeite *info* entsprechend.

Verständnisfragen

7.2 Wozu dient das Punkt-Kommando?

7.3 Ist der Befehl *cat /etc/passwd* zu der folgenden Befehlsfolge wirkungsgleich?
a= `cat /etc/passwd` *# Kommandosubstitution*
echo $1

Hinweise auf den interaktiven Lehrgang auf CD-ROM

Zu dem Kapitel Kommandoausführung empfiehlt es sich, folgende Lektion auf der CD-ROM zu bearbeiten:

- Sonstiges

- Shellscripte

8 Kontrollstrukturen

8.1 test-Kommando und if-Verzweigung

Arbeitsweise der Kontrollstrukturen

Mit Kontrollstrukturen wird in Programmiersprachen der Programmablauf gesteuert. Dazu gehören bei der Shell Verzweigungen mit *if* und *case* sowie Iterationen (Programmschleifen, Teilprogrammwiederholungen) mit *for* und *while*. Auch Befehle zum Verlassen von Schleifen und die Möglichkeit rekursiver Programmaufrufe gehören zu den Kontrollstrukturen. Es ist bereits bei der Vorstellung von Kommandoprozeduren im Kapitel 5 darauf hingewiesen worden, dass eine Kommandoprozedur eine andere aufrufen kann. Davon ist auch schon öfter Gebrauch gemacht worden. Ein *rekursiver Prozeduraufruf* liegt vor, wenn eine Kommandoprozedur sich selbst aufruft. Shell-Scripts erlauben dies. Im Abschnitt 8.2 wird dazu ein Beispiel angegeben. Programmablaufverzweigungen mit *case* arbeiten mit einem Mustervergleichs-Verfahren. Sie werden im Abschnitt 8.5 behandelt. *for*-Schleifen werden oft als *Zählschleifen* bezeichnet, weil bei ihnen ein Zähler die Schleife steuert. Dieser Zähler ist bei Shell-Scripts etwas eigen realisiert und wird im Abschnitt 8.2 vorgestellt. Verzweigungen mit *if* und Schleifen, die mit *while* gebildet werden, arbeiten mit der gleichen Art von Bedingungen. Sie arbeiten mit den Rückgabewerten von Shell-Kommandos. Beispielsweise beginnt das *if*-Kommando mit einem Ausdruck der folgenden Form:

If-kommando

```
if Shell-Kommando ...
```

Das bedeutet, dass zuerst das hinter dem *if* angegebene Kommando ausgeführt wird. Dann prüft der (in die Shell eingebaute) *if*-Befehl den Rückgabewert des Kommandos. War das Kommando erfolgreich, ist dieser Wert Null. *if* interpretiert den Wert Null als *wahr* (True) und einen Wert ungleich Null als *falsch* (False). Die Shell speichert den Rückgabewert des jeweils letzten Kommandos in der ?-Variablen (vgl. Abschnitt 6.2).

Die eben geschilderte Methode ist lediglich ein Spezialfall. Allgemeiner kann hinter dem *if* (und hinter dem *while*) eine Folge von Shell-Kommandos stehen, die der Reihe nach ausgeführt werden. Der Kontrollbefehl (*if*, *while*) prüft anschließend den Rückgabewert des letzten dieser Kommandos und verzweigt entsprechend.

test-Kommando

Aus Gründen der Nachvollziehbarkeit eines Programms wird vom Gebrauch derartiger Konstruktionen abgeraten. Dies bezieht sich nicht nur auf die Möglichkeit, Folgen von Kommandos anzugeben, sondern auch auf die Möglichkeit, den Rückgabewert eines beliebigen Kommandos zu verwenden. Erfahrungsgemäß führt eine so große Freiheit bei der Programmgestaltung zu unleserlichem Programmcode. Um dem Shell-Programmierer an dieser Stelle zu helfen, ist das *test*-Kommando geschaffen worden. Sein Rückgabewert wird durch Bedingungen bestimmt, die der Programmierer formuliert. Nur dieses Kommando sollte in Kontrollstrukturen verwendet werden.

if test-Kommando ...

Das Kommando liegt in zwei Schreibweisen vor, von denen die zweite syntaktisch der Art und Weise sehr nahe kommt, mit der bei höheren Programmiersprachen Bedingungen zur Ablaufkontrolle formuliert werden. In seiner ersten Schreibweise wird der Kommando-Charakter betont.

test-Kommando: erste Schreibweise

---> $ test Bedingung

Was als Bedingung angegeben werden kann, wird in wenigen Absätzen beschrieben. Zuerst sollen die beiden Schreibweisen des Kommandos behandelt werden. Das *test*-Kommando in seiner ersten Schreibweise liegt in Form einer ausführbaren Datei vor. In seiner zweiten Schreibweise ist es in die Shell eingebaut. Trotz der ungewohnten Schreibweise handelt es sich um ein Shell-Kommando, das wie jedes Shell-Kommando einen Rückgabewert hat.

test-Kommando: zweite Schreibweise

Zwischen Klammer und Bedingung steht links und rechts jeweils wenigstens ein Leerzeichen

---> $ [Bedingung]

Bedingungen für Dateien

Aus der Vielzahl möglicher Bedingungen soll ein kleiner Auszug vorgestellt werden. Vollständige Auflistungen findet man bei Gulbins [GUL95] und Bourne [BOU92]. Es gibt Bedingungen für Dateien, Zeichenfolgen und ganze Zahlen. Man beachte, dass der Bindestrich vor den Kennbuchstaben wie bei Kommando-Optionen jeweils mit anzugeben ist.

```
-r  Datei        # Die Datei existiert und es besteht Leserecht.
-w Datei         # Die Datei existiert und es besteht Schreibrecht.
-d Datei         # Die Datei existiert und ist ein Directory.
-f  Datei        # Die Datei existiert und ist kein Directory.
-s  Datei        # Die Datei existiert und ist nicht leer.
```

test-Kommando: Beispiel mit Dateien

```
--->  $ [ -f /etc/passwd ]
      $ echo $?              # /etc/passwd existiert und ist
      0                      # kein Directory
```

Bedingungen für Zeichenfolgen

```
-z  "Folge"        # Die Folge ist leer.
-n  "Folge"        # Die Folge ist nicht leer.
```

```
"Folge1"  =  "Folge2"     # Die beiden Folgen sind gleich.
                          # Leerzeichen um = sind erforderlich.
"Folge1"  !=  "Folge2"    # Die beiden Folgen sind nicht gleich.
                          # Leerzeichen um != sind erforderlich.
```

Ist eine der Folgen leer und nicht entwertet, so wird sie von der Shell durch *nichts* substituiert, das heißt weggelassen. Der dann entstehende Ausdruck ist syntaktisch falsch. Die Leerzeichen um die Operatoren = und != sind erforderlich.

test-Kommando: Beispiel mit Zeichenfolgen

```
--->  $ [ "Adam" = "Eva" ]        # Gleich?
      $ echo $?
      1                           # Nein!
```

Bedingungen für ganze Zahlen

Bestehen Strings nur aus Ziffern, so erkennt sie das *test*-Kommando auch als Zahlen. In diesem Fall dürfen neben den oben angegebenen Stringvergleichen auch numerische Vergleiche durchgeführt werden. Als Beispiel sei die aus dem Abschnitt 6.3 bekannte Shell-Variable # genannt. Diese Variable enthält die Zahl der Aufrufparameter einer Kommandoprozedur und hat immer einen numerischen Wert.

```
Wert1  -eq  Wert2     # Die beiden Werte sind gleich.
Wert1  -ne  Wert2     # Die beiden Werte sind nicht gleich.
Wert1  -gt  Wert2     # Wert1 ist größer als Wert2.
Wert1  -ge  Wert2     # Wert1 ist größer oder gleich Wert2.
Wert1  -lt  Wert2     # Wert1 ist kleiner als Wert2.
Wert1  -le  Wert2     # Wert1 ist kleiner oder gleich Wert2.
```

test-Kommando: Beispiel mit ganzen Zahlen

```
--->  $ [ $# -eq 0 ]        # Keine Argumente?
      $ echo $?
      0                     # Keine Argumente!
```

Logische Verknüpfungen

Bedingungen können logisch miteinander verknüpft werden. Runde Klammern sind zur Vorrangsteuerung verwendbar, müssen aber als Shell-Sonderzeichen (Kommandogruppen, vgl. Abschnitt 4.6) entwertet werden.

```
Bedingung1 -a Bedingung2    # AND
Bedingung1 -o Bedingung2    # OR
! Bedingung                 # NOT
```

test-Kommando: Beispiel mit logischer Verknüpfung

```
--->  $ [ $# -ge 2 -a $# -le 4 ]# 2, 3 oder 4 Argumente?
      $ echo $?
      1                          # Nein!
```

if-Konstruktionen

Programmablaufverzweigungen mit *if* liegen in zwei Versionen vor. In der ersten ist nur der Verzweigungsteil ausgefüllt, der im Falle, dass die angegebene Bedingung im *test*-Kommando wahr ist, durchlaufen wird. In der zweiten Version sind beide Verzweigungsteile vorhanden. An dieser Stelle ist ein Hinweis zur Schreibweise von Kontrollstrukturen erforderlich:

> Für alle Kontrollstrukturen gilt:
>
> Vor den Schlüsselwörtern *if, then, else, fi, case, esac, for, while, until, do* und *done*
> muss ein NEWLINE-Zeichen
> (ausgelöst durch die Eingabe-Taste)
> oder ein Semikolon stehen!

Jede *if*-Konstruktion ist durch die Schlüsselwörter *if* und *fi* geklammert und kann überall dort stehen, wo ein Shell-Kommando stehen kann.

if-Konstruktion

```
if-Konstruktion 1:  if  [ Bedingung ]
                    then  Kommando(s)
                    fi

if-Konstruktion 2:  if  [ Bedingung ]
                    then  Kommando(s)
                    else  Kommando(s)
                    fi
```

Das folgende Beispiel packt das Shell-Kommando *cp* in eine kleine Dialogumgebung ein.

```
# Shell-Script kopiere mit Erfragen der Dateinamen
#
if [ $# -eq 0 ]
   then  echo "Von --->\c";  read  von
         echo "Nach -->\c";  read  nach
   else
         if [ $# -eq 1 ]
            then  echo "Nach -->\c"
                  read  nach
                  von=$1
            else  von=$1
                  nach=$2
         fi
fi
cp $von $nach
```

Ersetzung des test-Kommandos

Am Anfang dieses Abschnitts war ausgeführt worden, dass hinter dem Schlüsselwort *if* anstelle des *test*-Kommandos irgendein Shell-Kommando (sogar eine Folge von Kommandos) stehen kann, da *if* lediglich den Rückgabewert (des letzten) auswertet. Das folgende (harmlose) Beispiel soll etwas abschreckend wirken und unterstreichen, dass wegen der besseren Lesbarkeit von Kommandoprozeduren immer das *test*-Kommando verwendet werden sollte. Im Beispiel kommt ein Kommando namens : (Doppelpunkt) zum Einsatz. Es ist in die Shell eingebaut und hat die Aufgabe, immer den Wert Null, also *True*, zurückzugeben. Es wird oft als True-Kommando bezeichnet und hat keinerlei Seiteneffekte.

```
# Shell-Script für eine existenzprüfende Ausgabe von a.b

if cat a.b 2> /dev/null
   then :
   else echo "cat a.b ohne Erfolg"
fi
```

Zuerst wird das *cat*-Kommando gestartet. Wenn es die Datei *a.b* findet, gibt es sie aus und erzeugt einen Rückgabewert von Null, der vom *if* als wahr interpretiert wird. Das hat zur Folge, dass zum then-Teil verzweigt wird. Dort wird aber nur das True-Kommando als eine Art Dummy gestartet. Die *if*-Konstruktion ist damit beendet. Findet *cat* die Datei *a.b* nicht, erzeugt es eine Fehlermeldung, die auf das leere Gerät gelenkt wird, und gibt eine Eins zurück, die vom *if* als falsch interpretiert wird. Damit verzweigt *if* in seinen else-Teil und gibt die Meldung *cat a.b* ohne Erfolg aus. Das ist für die Praxis allerdings kein sehr nützliches Script, da *cat* sich bereits entsprechend verhält.

Logische Operatoren der Shell

Bei der Formulierung der Bedingung des *test*-Kommandos sind die logischen Operatoren *-a* (AND), *-o* (OR) und *!* (NOT) vorgestellt worden. Sie verknüpfen Bedingungen miteinander. Auch die Shell hat zwei logische Operatoren zur Verfügung, die Rückgabewerte von Kommandos miteinander verknüpfen. Man verwechsle diese beiden Operatorarten nicht miteinander. Die Shell kennt keinen Negationsoperator, aber sie kennt ein logisches UND mit der Bezeichnung && und ein logisches ODER mit der Bezeichnung ||.

Auf diese beiden Operatoren wird hier nur etwas widerstrebend eingegangen. Auf der einen Seite werden sie in Shell-Scripts häufig als verkürzte *if*-Konstruktionen eingesetzt, und man sollte den Anfänger auf sie vorbereiten, auf der anderen Seite erschweren sie das Lesen von Scripts, und von ihrem Gebrauch ist abzuraten.

Ein logisches UND ist dann und nur dann wahr, wenn seine beiden Operanden wahr sind. Man betrachte die folgende logische Verknüpfung:

Kommando-1 && Kommando-2

Kann das Kommando-1 nicht erfolgreich ausgeführt werden, liefert es einen Rückgabewert ungleich Null (vielleicht 1). In diesem Falle steht der Wert des gesamten logischen Ausdrucks bereits fest: Er muss ungleich Null (falsch) sein. War andererseits die Ausführung von Kommando-1 erfolgreich (Rückgabewert 0), dann muss Kommando-2 ausgeführt werden, um den Wert des logischen Ausdrucks zu bestimmen. Das ist in der Tat eine etwas seltsam geschriebene *if*-Konstruktion.

Kommando-1 && Kommando-2 ist äquivalent zu if Kommando-1 erfolgreich; then Kommando-2; fi

Ein logisches ODER ist genau dann wahr, wenn wenigstens einer seiner beiden Operanden wahr ist. Dies führt zu der folgenden Äquivalenz:

Kommando-1 || Kommando-2 ist äquivalent zu if Kommando-1 erfolglos; then Kommando-2; fi

8.2 for-Schleifen und expr-Tool

for-Konstruktionen

for-Schleifen werden oft *Zählschleifen* genannt, weil sie ein Teilprogramm so oft wiederholen, bis ein Zähler einen bestimmten Wert erreicht hat. Das gilt auch für die *for*-Konstruktionen der Shell. Jedoch darf man von einem Kommandointerpreter nicht die Flexibilität einer Programmiersprache wie Pascal oder C erwarten.
Die allgemeinste *for*-Schleife der Shell ist folgendermaßen aufgebaut:

```
for Variable  in  Liste
do Kommando(s)
done
```

Dabei sind *for, in, do* und *done* Schlüsselwörter, denen allen außer *in* ein NEWLINE-Zeichen oder ein Semikolon vorangehen muss. Eine *Liste* ist eine Folge von durch Leerzeichen getrennte Strings. Die Variable wird oft *Laufvariable* oder *Zählvariable* genannt. Sie realisiert den Zähler der Zählschleife und nimmt der Reihe nach jeden String der Liste als Wert an. Für jeden dieser Werte wird die Schleife, das sind die Kommandos hinter dem *do*, einmal durchlaufen. Es folgt ein Beispiel.

```
# Shell-Script abc mit einer for-Schleife
#
for   i  in  adam  eva
      do echo $i
      done
```

Aufruf des obigen Scripts

```
--->  $ abc
      adam
      eva
```

Eine häufige Anwendung der *for*-Schleife in Kommandoprozeduren besteht darin, dass sich die Zählvariable über die Werte der Aufrufparameter erstreckt. Das heißt, dass die Zählvariable der Reihe nach die Werte von *$1, $2,* usw. annimmt. In diesem Zusammenhang wird die im Abschnitt 6.3 vorgestellte Verwaltungsvariable *, genauer gesagt ihr Wert *$**, verwendet. Denn *$** ist eine Liste, die alle Aufrufparameter durch je ein Leerzeichen getrennt enthält.
Dies führt zur folgenden *for*-Konstruktion:

for-Konstruktion

```
for    Variable in $*
       do Kommando(s)
       done
```

Diese Schleife wird so häufig benutzt, dass für sie eine Kurzschreibweise eingeführt wurde.

```
for    Variable
       do Kommando(s)
       done
```

Es folgt ein Beispiel, das nicht nur den Gebrauch einer *for*-Schleife demonstriert, sondern auch mit Rekursion arbeitet. Es ruft sich in der *for*-Schleife selbst auf. Die Kommandoprozedur hat die Aufgabe, das Dateisystem ab einem Ausgangsdateiverzeichnis zu durchsuchen und die Inhalte aller Dateiverzeichnisse mit dem *ls*-Kommando auszugeben. Das Script soll *baum* heißen. Es kann ohne Argumente aufgerufen werden. In diesem Fall beginnt das Durchsuchen des Dateisystems im aktuellen Verzeichnis und erstreckt sich über alle Unterverzeichnisse, für die das Recht, sie zu betreten (x-Bit), gegeben ist. *baum* kann auch mit einem Dateiverzeichnis parametrisiert werden. Im Script wird nicht geprüft, ob das Argument tatsächlich ein Verzeichnis ist. (Die angegebene Kommandoprozedur ist weit davon entfernt perfekt zu sein!) Wird *baum* beim Aufruf parametrisiert, beginnt die Durchsuchung des Dateisystems bei dem als Parameter angegebenen Dateiverzeichnis und nicht im aktuellen.

```
# Script baum: Rekursives Durchsuchen eines Dateibaumes
#
name=/usr/schaffrath/$0          # Absoluter Pfad zum Script
#
if [ $# -ne 0 ]
    then cd $1
fi
#
echo "Dateien in `pwd`"          # Lokalisierung
echo
ls                               # Verzeichnis ausgeben
echo
#
set `ls`                         # Aufrufparameter umsetzen
#
for i
  do    if [ -d $i ]             # Falls Verzeichnis:
        then $name $i            # arbeite dort (Rekursion)
     fi
  done
```

Das Rechen-Tool expr

Die Bourne-Shell kennt nur Stringvariablen. Mit ihnen kann man nicht so ohne weiteres Berechnungen durchführen. Strings, die nur aus Ziffern bestehen, werden von einigen Tools, dazu gehören das *test*- und das *expr*-Kommando, als ganze Zahlen interpretiert. Das heißt, dass mit solchen speziellen Strings doch gerechnet werden kann. Real-Zahlen können allerdings nicht gebildet werden. Das *expr*-Tool erwartet als Argument einen Ausdruck, der einer strengen Schreibweise folgen muss. Der Wert dieses Ausdrucks wird berechnet und als String auf die Standard-Ausgabedatei geschrieben. Das *expr*-Tool kann mehr als nur rechnen. Darauf wird jedoch hier nicht eingegangen. Das Buch von Sobell [SOB98] behandelt das *expr*-Kommando ausführlich.

```
expr Ausdruck
```

Ein *Ausdruck* besteht hier aus Komponenten (Strings), die durch Leerzeichen voneinander getrennt sein müssen. So muss ein Rechenausdruck wie *25 + 7* aus drei voneinander getrennten Strings bestehen. Die folgenden Beispiele zeigen den Gebrauch des *expr*-Tools:

expr-Tool

expr-Tool: Beispiele

```
--->  $ expr  25  +  7                      # Leerzeichen
      32

--->  $ expr  25  \*  7                     # Entwerten
      175

--->  $ expr  25  /  7                      # keine Real-Zahlen
      3

--->  $ expr  25  %  7                      # Divisionsrest
      4

--->  $ a=`expr  $a  +  1`                  # a := a+1

--->  $ expr  5  \*  \(  7  +  2  \)        # Entwerten
      45
```

Das folgende Script realisiert eine *for*-Schleife, in der das rechnerische Hochzählen einer Variablen nachgebildet wird.

```
# Shell-Script zaehle: Hochzaehlen einer Variablen
#
n=0                                   # Das ist der String 0
for   i in a b c d e f
      do
         echo "$n\c"
         n=`expr $n + 1`              # Kommandosubstitution
      done
echo                                  # Fuer ein NEWLINE
```

Aufruf von zaehle

```
--->  $ zaehle              # Je 1 Durchlauf für a-f ab 0
      012345
```

8.3 while-Konstruktion

while

Neben der *for*-Schleife gibt es bei der Shell-Programmierung weitere Möglichkeiten zu iterieren, d.h. Teilprogramme kontrolliert zu wiederholen. Dabei wird im Gegensatz zu den *for*- Konstruktionen nicht mit einem Zähler gearbeitet, sondern wie beim *if* mit einer Bedingung. Genau wie beim *if* wird der Rückgabewert eines Shell-Kommandos ausgewertet, und genau wie dort wird dringend empfohlen, weder eine Kommandofolge, noch ein beliebiges Kommando, sondern ausschließlich das *test*-Kommando, am besten in seiner Schreibweise mit den eckigen Klammern, zu verwenden. Das Kommando hat dann folgende Syntax:

```
while [ Bedingung ]
      do Kommando(s)
      done
```

Das *while* testet die Bedingung (den Rückgabewert des *test*-Kommandos) vor jedem Schleifendurchlauf. Die Kommandos nach dem Schlüsselwort *do* werden ausgeführt, wenn das test-Kommando den Wert Null (True) liefert. Den drei Schlüsselwörtern (*while, do, done*) muss ein NEWLINE-Zeichen oder ein Semikolon vorausgehen.

until

Neben dem *while* gibt es eine weitere ganz ähnliche Iteration. Sie hat wenig Bedeutung erlangt, da sie fast identisch mit *while* ist, jedoch durch ihre Bezeichnung den Programmierer eher irreführt. Die Iteration heißt *until*, und der einzige Unterschied zum *while* besteht darin, dass die Abbruchbedingung negiert ist. Von der Benutzung dieser Konstruktion wird abgeraten, da ihr Name der *repeat-until*-Konstruktion des Pascal ähnelt. Damit jedoch ist eine Iteration gemeint, bei der die Abbruchbedingung für die Schleifendurchläufe immer erst nach einem Durchlauf geprüft wird. Aber genau dies ist beim *until* der Shell nicht der Fall. Eine Iteration, die erst nach einem Schleifendurchlauf die Abbruchbedingung prüft, gibt es bei der Shell nicht.

Auf die Beschreibung der *until*-Konstruktion wird hier verzichtet. Sie wird unter anderem von Bourne [BOU92] behandelt. Es folgt ein Beispiel für eine *while*-Schleife.

```
# while-Schleife: Geheimen Namen erraten
#
geheim="Wilhelm"                    # Anfangswerte setzen
gelesen="falsch"
#
echo  "Erraten Sie den geheimen Namen"
echo
#
while [ "$gelesen" != "$geheim" ]
      do    echo "Ihr Tip: \c"
            read gelesen
      done
#
echo  "Sehr gut!"
```

8.4 Verlassen von Schleifen

Die bewährten Regeln des strukturierten Programmierens schränken den Gebrauch von Sprungbefehlen stark ein. Es gibt allerdings Situationen, in denen die Abbruchbedingung für eine Iteration einen sehr komplexen logischen Ausdruck bildet, der dem Leser des Programmcodes die einzelnen Bedingungen, die zum Ende der Schleifendurchläufe führen, eher verschleiert als offenbart. In diesen Fällen ist eine Endlosschleife, zum Beispiel in der Form

```
while :
do Kommando(s)
done
```

mit gezielten und jeweils einfach formulierten Aussprüngen, vorzuziehen. Die Bourne-Shell hat (auch das ist ein Gegensatz zur C-Shell, vgl. Abschnitt 4.1) zwar keinen Goto-Befehl, jedoch können Schleifendurchläufe unterbrochen beziehungsweise beeinflusst und Kommandoprozeduren gezielt abgebrochen (durch einen Sprung verlassen) werden.

break Mit diesem Kommando wird eine Programmschleife unverzüglich verlassen.

continue Mit *continue* wird der Rest einer Schleife übersprungen. Der nächste Schleifendurchlauf beginnt, wobei zuerst die Abbruchbedingung kontrolliert wird.

exit [Zahl] Mit dem *exit*-Kommando wird eine Kommandoprozedur unverzüglich beendet. Die als Parameter angegebene Zahl (Null oder größer) wird Rückgabewert des Shell-Scripts. Wird der Parameter weggelassen, ist der Rückgabewert des letzten Kommandos Rückgabewert des Scripts.

Das folgende Beispiel zeigt eine Modifikation des Scripts zum *Raten von Namen* aus dem letzten Abschnitt. Die einfache Erweiterbarkeit durch zusätzliche Abbruchbedingungen ist deutlich zu erkennen.

```
# Verlassen von Schleifen: Geheimen Namen erraten
#
geheim="Wilhelm"
#
echo  "Erraten Sie den geheimen Namen"
echo
#
while  :
        do      echo  "Ihr Tip: \c"
                read gelesen
#
# Abbruchbedingung(en)
#
                if  [  "$gelesen"  =  "$geheim"  ]
                        then   echo  "Sehr gut!"
                               exit

            fi
#
        done
```

8.5 case-Verzweigungen

Suchmuster

Programmverzweigungen mit *case* werden durch einen Suchmustervergleich, durch ein *Pattern Matching* realisiert. Damit ist die dritte Gruppe von Suchmustern angesprochen, die von der Shell benutzt werden. Im Abschnitt 2.3 waren beispielhaft bereits Text-Suchmuster (reguläre Ausdrücke) zur Textmuster-Verarbeitung beim *grep*-Tool vorgestellt worden. Diese Art der Suchmuster wird im Abschnitt 10.1 wieder aufgegriffen und vertieft. Bei der Erklärung der Dateinamen-Expandierung der Shell im Abschnitt 4.5 sind Dateinamen-Suchmuster behandelt worden. *rm *.** ist dafür ein bekanntes Beispiel. *case*-Verzweigungen verwenden String-Suchmuster, die syntaktisch mit den Dateinamen-Suchmustern übereinstimmen, jedoch reichhaltiger sind. Beispielsweise hat ein *führender Punkt* in einem String-Suchmuster keine besondere Bedeutung. Er wird wie jedes andere Zeichen auch in den Vergleich einbezogen. Das ist bei Dateinamen-Suchmustern nicht der Fall (vgl. Abschnitt 4.5). Die *case*-Konstruktion ist folgendermaßen aufgebaut:

case-Konstruktion

```
case        Vergleichsstring in
Suchmuster-1 )  Kommando(s) für diesen Fall;;
Suchmuster-2 )  Kommando(s) für diesen Fall;;
...
esac
```

Man beachte, dass eine schließende Klammer (zu der es keine öffnende gibt) die jeweiligen Kommandos vom Suchmuster trennt. Ein doppeltes Semikolon (das sind zwei Zeichen) trennt ganze *case*-Zweige voneinander.

case, *in* und *esac* sind Schlüsselwörter. Vor *case* und *esac* muss ein NEWLINE-Zeichen oder ein Semikolon stehen. Beim ersten erfolgreichen Vergleich des Vergleichsstrings (das ist kein Suchmuster) mit einem Suchmuster werden die zugehörigen Kommandos (und nur sie) ausgeführt. Dann wird die Konstruktion verlassen. Ist kein Vergleich erfolgreich, wird mit dem Kommando nach dem Schlüsselwort *esac* fortgefahren. Es folgt ein Beispiel.

```
# Ein case-Beispiel: Welche Option liegt vor?
#
case "$1" in

"-l" ) echo "Das ist die -l-Option";;
"-s" ) echo "Das ist die -s-Option";;

esac
```

Sonderzeichen der String-Suchmuster

String-Suchmuster sind Zeichenfolgen, die Zeichen mit einer Sonderfunktion enthalten. In Suchmustern können diese Sonderzeichen in beliebiger Reihenfolge und gehäuft auftreten.

***** Das Sonderzeichen * passt zu jeder Zeichenfolge (auch zu der leeren) des Vergleichsstrings an genau den Stellen, an denen es im Suchmuster steht.

Beispiele: *a* passt zu a
und zu aaa
und zu bbbba
und zu abcd
und zu cdaefg

aber nicht zu bc

? Ein Fragezeichen im Suchmuster passt zu genau einem Zeichen im Vergleichsstring an genau den Stellen, an denen es im Suchmuster steht.

Beispiele: a?c passt zu abc
und zu axc
und zu a1c

aber nicht zu ac

[...] Jedes Zeichen aus der Klammer passt zu sich selbst im Vergleichsstring an genau den Stellen, an denen es im Suchmuster steht.

Die eckige Klammerung als String-Suchmuster ist komplexer als es den Anschein hat. So können auch Bereiche in ASCII-Reihenfolge, durch einen Bindestrich gekennzeichnet, enthalten sein. Beispielsweise ist *[15a-d7]* gleichbedeutend mit *[15abcd7]*. Zu beachten ist, dass es innerhalb der eckigen Klammern kein Entwertungszeichen gibt. Der Bindestrich und auch die eckigen Klammern können nicht durch ein Sonderzeichen entwertet werden. Sollen sie in den Vergleich aufgenommen werden, so sind sie als jeweils erstes Zeichen in der Klammer zu positionieren. Ein Ausrufungszeichen als erstes Zeichen in der Klammer wirkt wie eine Negation: Das Suchmuster passt dann zu jedem Zeichen, das nicht in der Klammer vorkommt.

Beispiele:	a[123]	passt zu	a1
		und zu	a2
		und zu	a3
		aber nicht zu	a4
		und nicht zu	a
	a[!123]	passt zu	a7
		und zu	ab
		usw.	

x|y Dieses Suchmuster ist bei Dateinamen-Expandierungen unbekannt. Es bedeutet, dass das Suchmuster x oder das Suchmuster y zu dem Vergleichsstring passt. Sprachlich ist dieses oder aus der Sicht des Vergleichsstrings ein und.

Beispiele:	Adam|Eva	passt zu	Adam
		und zu	Eva

Adam oder Eva ist ein Treffer.

Otherwise-Realisierung mit *

Die String-Suchmuster erlauben durch die Positionierung des Sonderzeichens * als letztes Suchmuster die Realisierung eines Otherwise-Ausgangs aus der *case*-Konstruktion. Damit ist gemeint, dass im Falle, dass keines der vorangehenden Suchmuster zum Vergleichsstring passt, die Befehle dieses Zweiges durchgeführt werden, denn das Sonderzeichen * passt zu jedem Vergleichsstring. Das folgende Beispiel soll diesen Sachverhalt verdeutlichen.

```
# case mit Otherwise-Zweig
#
echo  "Gib einen Buchstaben oder eine Ziffer ein"
echo
read  eingabe
#
case  $eingabe  in
#
[a-z] | [A-Z] )   echo  "Das war ein Buchstabe";;
#
[0-9]         )   echo  "Das war eine Ziffer";;
#
*         )   echo  "Falsche Eingabe";;
#
esac
```

Übungen

Praktische Übungen

8.1 Man erweitere das Shell-Script *info* aus den Übungen 5.1 und 7.1 derart, dass es mit einer Long-Option (*info -l*) aufgerufen werden kann. Beim Aufruf ohne Option soll eine gegenüber bisher verkürzte Ausgabe erfolgen. Beim Aufruf mit der Option *-l* soll wie bisher ausgegeben werden.

8.2 Erstellen Sie eine Kommandoprozedur namens *erase*, die mit einem Dateiverzeichnis parametrisiert werden kann. Ohne Parameter beginnt das Script seine Arbeit im aktuellen, mit Parameter im angegebenen Verzeichnis. Das Script soll das Anfangsverzeichnis und alle Unterverzeichnisse löschen. Vereinfachen Sie die Aufgabenstellung dadurch, dass Sie annehmen, in allen betroffenen Verzeichnissen alle Zugriffsrechte zu besitzen.

Verständnisfragen

8.3 Auf Grund welcher Bedingung wird in einer *if*-Konstruktion verzweigt?

8.4 Formulieren Sie ein test-Kommando in beiden Schreibweisen, das prüft, ob zwei Strings identisch sind.

8.5 Wie oft werden die Befehle in der folgenden *for*-Schleife durchlaufen?

```
for  i  in  "1  2  3"
     do  Befehle
     done
```

8.6 Wie muss ein Shell-Script verlassen werden, damit 7 sein Rückgabewert wird?

Hinweise auf den interaktiven Lehrgang auf CD-ROM

Zu dem Kapitel Kontrollstrukturen empfiehlt es sich, folgende Lektion auf der CD-ROM zu bearbeiten:

- Sonstiges

- Shellscripte

9 Kommandoprozeduren mit Eingaben

9.1 Lesen von einer Datei

Umlenkung der Standard-Eingabedatei

Das im Abschnitt 5.3 vorgestellte *read*-Kommando liest eine Zeile von der Standard-Eingabedatei. Die folgende Kommandoprozedur enthält ein solches Kommando.

```
# Shell-Script lese: Vom Standard-Input lesen
#
read  eingabe
echo  "Ich habe $eingabe gelesen"
```

Wird das Script gestartet, so liest es vom Terminal. Das kann geändert werden, indem man veranlasst, dass die Shell die Standard-Eingabe für das Script auf eine andere Datei umlenkt.

Redirection für das lese-Script

```
--->  $ lese < a.txt     # read liest die erste Zeile aus a.txt
```

Bisher sind keine Sprachmittel behandelt worden, die es erlauben, die Standard-Eingabedatei in der Kommandoprozedur selbst, als im Script vorhandenes Shell-Kommando, umzulenken. Das soll jetzt nachgeholt werden.

Redirection in Kommandoprozeduren

Die Standard-Eingabedatei wird durch das Shell-Kommando *exec* explizit umgelenkt. *exec* hat noch weitere Anwendungen, die hier nicht behandelt werden sollen, weil sie zu weit führen würden. Das Buch von Bourne [BOU92] geht auf diese Anwendungen ein.

```
exec < Dateiname    # Pfadname
```

Jedes, dem *exec*-Kommando folgende *read*-Kommando liest zeilenweise und fortlaufend (also nicht immer nur die erste Zeile) aus der angegebenen Datei. Um die Eingabe zum Terminal zurückzulenken, kann

```
exec < /dev/tty
```

verwendet werden. Das folgende Beispiel zeigt, wie in einer Schleife aus einer Datei gelesen werden kann. Durch den Rückgabewert des read-Kommandos kann ein *Lies bis Dateiende* nachgebildet werden.

```
# Shell-Script liesaus: Datei lesen und ausgeben
#
who > tmp                   # Temporäre Datei anlegen
#
exec < tmp                  # Eingabe auf Datei legen
#
read a                      # Erste Zeile lesen
while[ $? -eq 0 ]           # Solange das Lesen erfolgreich ist:
      do echo $a            # Ausgeben und
      read a                # nächste Zeile lesen
      done
#
rm tmp                      # Aufräumen
```

Mit dem *exec*-Kommando können alle Standard-Dateien umgelenkt werden, nicht nur die Standard-Eingabedatei. Mit

```
exec > Dateiname    # Pfadname
```

wird die Standard-Ausgabedatei mit der angegebenen Datei identifiziert. Das heißt, dass nach diesem Befehl jedes *echo*-Kommando in diese Datei schreibt.

Die Standard-Fehlerausgabedatei wird mit

```
exec 2> Dateiname        # Pfadname
```

auf die angegebene Datei gelenkt. Die Fehlerausgaben der auf diesen Befehl folgenden Kommandos gelangen in diese (Protokoll-) Datei.

9.2 Here-Scripts

Der zeilenorientierte Editor ed

Viele UNIX-Werkzeuge werden im Dialog, das heißt durch Eingaben am Terminal, gesteuert. Ein Beispiel ist der zeilenorientierte Editor *ed*, der zeilenbezogene Kommandos vom Terminal erwartet. Ein zeilenbezogenes *ed*-Kommando lautet umgangssprachlich zum Beispiel

Lösche die Zeile Nummer sieben!

Es folgen beispielhaft einige ed-Kommandos. Ansonsten wird dieses Werkzeug hier nicht weiter behandelt. Die angegebenen Beispiele sind ausreichend, um das Arbeiten mit dem *ed* aufzuzeigen, und um die Bearbeitung der praktischen Übungsaufgabe (Übung 9.1) zu erleichtern.

w	Write: Schreibe das Editierte in die Datei zurück.
q	Quit: Verlasse den Editor.
Nr d	Delete: Lösche die Zeile Nummer Nr. Zum Beispiel: 3 d Lösche die dritte Zeile.
Nr s/alt/neu/	Substitute: Ersetze in der Zeile Nummer Nr das erste Auftreten der Zeichenfolge *alt* durch die Zeichenfolge *neu*.
Nr s/alt/neu/g	Global Substitute: Ersetze in der Zeile Nummer Nr jedes Auftreten der Zeichenfolge *alt* durch die Zeichenfolge *neu*. Zum Beispiel: 7 s/Adam/Eva/g Ersetze in Zeile 7 jedes *Adam* durch *Eva*.

Scripts mit Eingaben für ein Tool

Häufig ist das Editieren einer Datei nur ein Teil einer umfangreicheren Aufgabe. Typisch ist die Situation, dass zur Bearbeitung einer Aufgabe eine Kommandoprozedur erstellt wird und ein Teil dieses Scripts einen Editiervorgang enthält. Wird in einem Script der Editor *ed* aufgerufen, erwartet er die Eingabe seiner Befehle nach wie vor vom Terminal. Dies ist jedoch oft nicht im Sinne des Bearbeiters, der vielleicht lediglich die erste Zeile einer Datei löschen oder sonst eine vollständig feststehende Editieroperation durchführen will. Für solche Situationen, in denen in einer Kommandoprozedur ein dialogorientiertes UNIX-Tool aufgerufen wird, das jedoch keinen Dialog mit dem Benutzer führen soll, sind *Here-Scripts* geschaffen worden. Ein Here-Script ist ein Teil einer Kommandoprozedur, in dem Eingaben für ein dialogorientiertes UNIX-Tool als Text stehen, die sonst am Terminal eingegeben werden müssten. Das erklärt auch die Bezeichnung: Die Befehle für ein Tool stehen direkt beim Tool-Aufruf im Script (Here). Eine Kommandoprozedur kann mehrere Here-Scripts enthalten. Der jeweilige Anfang und das Ende sind besonders gekennzeichnet.

Dem Kommandoaufruf, der das dialogorientierte Werkzeug startet, folgt das Sonderzeichen << (zwei spitze Klammern), dem unmittelbar (ohne Leerzeichen) eine beliebige Zeichenfolge folgt. In den dann folgenden Zeilen stehen die Eingaben für das Werkzeug, und zwar solange, bis in einer neuen Zeile ab der ersten Schreibposition die Zeichenfolge wieder erscheint, die in der Kommandoaufrufzeile nach dem Sonderzeichen << geschrieben worden ist. Ein Here-Script hat folgenden formalen Aufbau.

```
Kommandoaufruf samt Parameter    <<Zeichenkette
          ...
          ... Eingaben für das dialogorientierte
          ... Werkzeug
          ...
Zeichenkette, die in Zeile 1 nach << steht
```

Das folgende Beispiel zeigt den Aufbau und die Verwendung eines Here-Scripts. Verwendet wird das Werkzeug *ed*, dessen Ausgabe nicht interessiert und deshalb auf das leere Gerät gelenkt wird. Mit Hilfe des *ed* wird in einer Textdatei namens *telefon.dat* die zweite Zeile gelöscht. Um eine gewisse Flexibilität anzudeuten, wird die Zeilennummer als Variablenwert formuliert. Von der Wirkung her hätte anstelle von $var d auch 2 d stehen können. Allerdings sieht man durch das Beispiel, dass die Shell auch die Kommandos eines Here-Scripts liest und bearbeitet, zum Beispiel die Variablenwerte substituiert.

```
# Beispiel für ein Here-Script mit dem ed
# In telefon.dat Zeile 2 löschen,
# Editorinhalt zurückschreiben (w),
# Editor verlassen (q).

# Begrenzungszeichenfolge für das Here-Script: +

var=2
ed telefon.dat > /dev/null <<+
$var d
w
q
+
```

9.3 Abfangen von Signalen

Signale

Auf Signale ist in Zusammenhang mit dem vorzeitigen Beenden von Prozessen im Abschnitt 4.4 schon einmal eingegangen worden. Dort ist auch der Terminal-Interrupt vorgestellt worden, der (das ist terminalabhängig) in der Regel durch Betätigen der DEL-Taste ausgelöst wird. Das mit ihm verbundene Signal wird dem Prozess geschickt, der gerade mit dem Terminal arbeitet (Vordergrundprozess). Ein Prozess, der ein Signal erhält, führt daraufhin eine voreingestellte Handlung aus; meist startet er einen exit()-Systemaufruf und bricht dadurch ab.

Signale senden: kill-Kommando

Nicht nur der UNIX-Kern, sondern auch der Anwender kann einem Prozess, allerdings nur einem eigenen, ein Signal senden. Dazu dient das *kill*-Kommando, das ebenfalls bereits im Abschnitt 4.4 benutzt worden ist. Mit ihm kann einem (eigenen) Hintergrundprozess ein Signal geschickt werden, das ihn zur Beendigung auffordert.

kill

Abbruchsignal an Prozess senden

---> $ kill -9 Prozesskennzahl

Die Signale sind durchnummeriert. Der oben genannte Terminal-Interrupt beispielsweise hat die Nummer 2. Eine vollständige Liste der etwa zwanzig Signale findet man bei Gulbins [GUL95] und Bourne [BOU92] die Prozesskennzahl des Zielprozesses muss bekannt sein. Das *ps*-Kommando liefert diese Information. Mit dem *kill*-Kommando kann man ein beliebiges Signal an einen Prozess (auch an mehrere) senden, nicht nur das Abbruchsignal mit der Nummer 9.

Signal an Prozesse senden

---> $ kill -Nummer Prozesskennzahlen

 # PIDs durch Leerzeichen getrennt

Wird beim *kill*-Kommando als Prozesskennzahl eine Null angegeben, geht das Signal an alle eigenen Prozesse mit Ausnahme der Shell. Wird keine Signalnummer angegeben, wird voreingestellt das Signal 15, das sogenannte Software-Ende-Signal, gesendet. Das Signal 15 bewirkt ein Prozessende mit der Möglichkeit, dass der Prozess noch ihn betreffende Verwaltungsdateien bereinigen kann. Beispielsweise kann er von ihm geöffnete Dateien schließen. Das Signal 9 hingegen bewirkt ein sofortiges Prozessende.

Signal 15 an alle eigenen Prozesse außer der Shell senden

---> $ kill 0

Prozess auf Signale einrichten: trap-Kommando

Es ist möglich, einen Prozess so zu gestalten, dass er beim Eintreffen eines Signals nicht die voreingestellte Handlung ausführt, sondern eine vom Programmierer bestimmte. Man sagt, dass ein solcher Prozess Signale abfängt. Von dieser Möglichkeit gibt es eine Ausnahme:

> Es ist nicht möglich, das Signal Nummer 9 abzufangen!

Auf alle anderen Signale kann ein Prozess vorbereitet werden. Dazu dient das *trap*-Kommando. Es hat zwei Argumente. Das erste ist eine Folge von Shell-Kommandos, das zweite eine durch Leerzeichen getrennte Liste von Signalnummern. Jedesmal, wenn eines der aufgeführten Signale beim zugehörigen Prozess eintrifft, werden die Befehle des ersten Arguments ausgeführt. Dann wird der Prozess fortgesetzt, außer eines der angegebenen Kommandos war ein *exit*-Befehl. Dann hat er die Kommandoprozedur beendet. Die Kommandos der Kommandofolge sind durch ein NEWLINE-Zeichen oder ein Semikolon voneinander getrennt. Die Kommandofolge ist entwertet.

```
trap ' Kommandofolge'  Signalnummernliste
```

Das folgende Beispiel zeigt, wie mit dem Terminal-Interrupt ein Vordergrundprozess so beendet wird, dass er vor seinem Ende im aktuellen Verzeichnis Dateien mit der Extension tmp löscht.

```
# Shell-Script abc
#
trap ' rm *.tmp; exit'  2
#
while :
      do    echo "a" > a.tmp
            echo "Bin in Endlosschleife"
      done
```

Das *exit*-Kommando in der Kommandoliste des *trap*-Kommandos ist wichtig. Fehlt es, wird zwar das Kommando *rm *.tmp* ausgeführt, dann jedoch kehrt die Ablaufkontrolle an die Unterbrechungsstelle zurück und das Programm wird fortgesetzt.

Signale ignorieren

Ein spezieller Fall des Abfangens von Signalen ist das Ignorieren ihres Eingangs. Die Shell benutzt dies für ihre Hintergrundprozesse. Wird ein Kommando im Hintergrund gestartet, dann sorgt die Shell dafür, dass der zugehörige Prozess den Terminal-Interrupt ignoriert. Ein Senden des Signals Nummer 2 an einen Hintergrundprozess ist deshalb erfolglos. Der direkt eingegebene Terminal-Interrupt (DEL-Taste) hat für Hintergrundprozesse sowieso keine Wirkung, weil sie vom Terminal aus nicht mehr erreichbar sind. Ihre Standard-Eingabe ist auf */dev/null* gelegt worden. Das folgende Script ignoriert den Terminal-Interrupt. Es verwendet das Shell-Kommando *sleep*, das mit einer ganzen Zahl parametrisiert wird. Das Kommando bewirkt, dass der zugehörige Prozess so viele Sekunden lang angehalten wird, wie der Parameter angibt. Wenn der Terminal-Interrupt eingeht, wird kein Kommando ausgeführt, und die Schleife wird fortgesetzt.

```
# Shell-Script ignore: Terminal-Interrupt ignorieren
#
trap ' ' 2                      # Leere Kommandofolge
#
for  i    in 1 2 3 4 5
     do   echo $i
          sleep 5               # 5 Sekunden anhalten
     done
```

Eine Variante ergibt sich dadurch, dass man das bereits aus dem Abschnitt 8.1 bekannte True-Kommando (:) ausführen lässt. Es macht selbst nichts, führt jedoch dazu, dass als Reaktion auf das Signal ein, wenn auch leeres Kommando auszuführen ist. Dadurch wird das durch das *sleep*-Kommando ausgelöste Anhalten des Prozesses unterbrochen.

```
# Shell-Script ignore: Terminal-Interrupt ignorieren, sleep
  beenden
#
trap ':' 2              # True-Kommando
#
for  i    in 1 2 3 4 5
     do   echo $i
          sleep 20      # 20 Sekunden anhalten
     done
```

Voreinstellung restaurieren

Die Voreinstellung der Reaktion eines Prozesses auf bestimmte Signale kann durch das *trap*-Kommando mit fehlender Kommandofolge wieder hergestellt werden.

```
trap Signalnummernliste # Voreinstellung restaurieren
```

Man verwechsle diese Kommandoausprägung nicht mit der einer leeren Kommandofolge.

Übungen

Praktische Übung

9.1 Als Teil der Übungsaufgabe 2.3 war eine Textdatei namens *telefon.dat* zu erstellen. Dazu schreibe man jetzt eine Kommandoprozedur namens *tf,* die folgendes leistet:

1. Beim Aufruf in der Form *tf -p* wird *telefon.dat* mit (virtuellen) Zeilennummern ausgegeben. Die Ausgabe ist nicht streng formatiert, jedoch ist der Feldtrenner : durch je ein Leerzeichen ersetzt worden.

Hinweis: *grep* mit der Option *-n* gibt mit führenden Zeilennummern aus. *tr* ist hilfreich.

2. Bei einem Aufruf *tf –s 'Suchmuster'* wird mit *grep* in *telefon.dat* nach dem angegebenen Suchmuster gesucht. Die Ausgabe wird wie in 1., aber ohne Zeilennummern, aufbereitet.

3. Bei *tf –e 'Name:Telefonnummer'* wird *telefon.dat* um einen Eintrag erweitert. Prüfen Sie zuerst, ob er nicht schon existiert.

Hinweis: *grep* ist zum Prüfen geeignet. Seine Ausgabe kann nach */dev/null* umgelenkt werden.

4. Mit *tf –d Zeilennummer* wird in *telefon.dat* die angegebene Zeile gelöscht.

Hinweis: *ed* mit einem Here-Script ist geeignet.

5. Alle anderen *tf*-Aufrufe werden mit einer Meldung und sofortiger Programmbeendigung quittiert.

Hinweis: Eine *case*-Struktur ist übersichtlich und gestattet einen Otherwise-Zweig.

Verständnisfragen

9.2 Im Abschnitt 9.1 ist ein Script namens *liesaus* angegeben worden. Welche Auswirkungen hat es, wenn der Programmierer in der *while*-Schleife die beiden Komandos *echo* und *read* miteinander vertauscht?

9.3 Geben Sie eine Kommandoprozedur an, die in der dritten Zeile einer Textdatei (sie soll existieren) jedes *x* durch ein *u* ersetzt.

9.4 Kann ein Hintergrundprozess, dessen PID bekannt ist, durch Senden des Terminal-Interrupts mit *kill –2 PID* abgebrochen werden?

Hinweise auf den interaktiven Lehrgang auf CD-ROM

Zu dem Kapitel Kommandoprozeduren mit Eingaben empfiehlt es sich, folgende Lektionen auf der CD-ROM zu bearbeiten:

- Grundlagen

- Prozesssteuerung

- Sonstiges

- Shellvariablen
- Shellscripte

10 Textmusterverarbeitung

10.1 Reguläre Ausdrücke

Text-Suchmuster (reguläre Ausdrücke)

Viele UNIX-Werkzeuge arbeiten mit Text-Suchmustern. Sie werden oft kurz Suchmuster oder Textmuster genannt. Im einfachsten Fall kann man mit ihrer Hilfe bestimmte Stellen einer Textdatei lokalisieren. Im Abschnitt 10.3 werden auch komplexere Anwendungen vorgestellt. Wenn man sich in Erinnerung ruft, dass Shell-Kommandos in der Regel von einer Textdatei (der Standard-Eingabedatei) lesen und auf eine Textdatei (die Standard-Ausgabedatei) schreiben, kann man die Bedeutung der Text-Suchmuster zur Lokalisierung und Umgestaltung von Textstellen leicht ermessen. Zu den Werkzeugen, die Text-Suchmuster einsetzen, gehören unter anderem *ed*, *grep* und *awk*. Text-Suchmuster heißen auch reguläre Ausdrücke. Dieser Begriff hat *grep* seinen Namen gegeben: *get regular expression! grep* und *awk* werden im Abschnitt 10.2 bzw. 10.3 behandelt, *ed* ist bereits im Abschnitt 9.2 kurz angesprochen worden. Einige UNIX-Werkzeuge verwenden sogenannte erweiterte reguläre Ausdrücke. Diese umfassen alle regulären Ausdrücke und enthalten weitere (komplexe) Suchmuster. Sie werden hier nicht behandelt. Staubach [STA89], Robbins [ROB2001] sowie Herold [HER99] gehen ausführlich auf sie und ihre Anwendungen ein.

Übergeordnete Regeln

Für Text-Suchmuster gelten zwei übergeordnete Regeln:

Regel 1: Kein Suchmuster wirkt über ein Zeilenende hinaus.

Diese Regel bedeutet, dass es kein Suchmuster gibt (es ist nicht formulierbar), das ein NEWLINE-Zeichen explizit enthält. Wird beispielsweise nach Textstellen der Form Eva-Maria gesucht, dann wird eine Stelle, die Eva- am Ende einer Zeile und Maria am Anfang der nächsten enthält, nicht gefunden.

Regel 2:	Passt ein Suchmuster zu mehreren Zeichenfolgen einer Zeile, so wird stets die längste (und bei mehreren die erste) als Treffer angesehen.

Bei reinen Suchvorgängen nach Textstellen hat die zweite Regel keine praktischen Auswirkungen. Werden jedoch Treffer durch bestimmte Zeichenketten ersetzt, dann ist das Wissen um die Textstelle, die den Treffer mit dem Suchmuster darstellt, von zentraler Bedeutung.

Aufbau regulärer Ausdrücke

Reguläre Ausdrücke unterliegen einer strengen Syntax. Beispielhaft sind sie bereits im Abschnitt 2.3 vorgestellt worden. Die folgenden sieben Regeln beschreiben ihren Aufbau.

1. Sind r1 und r2 regulär, dann ist r1r2 regulär. Damit wird ausgedrückt, dass reguläre Ausdrücke zusammengesetzt (konkateniert) werden dürfen. Dabei steht kein Trennzeichen zwischen ihnen.

2. Jedes ASCII-Zeichen *c* ist regulär. Ein ASCII-Zeichen *c* in einem Suchmuster passt nur zu sich selbst in einer Textzeile, außer es ist eines der folgenden Sonderzeichen:

   \ [ ] . * - $ ^

   Beispiele: Das Suchmuster *a* passt zu *a* in einer Textzeile. Das Suchmuster *Meier* passt zu *Meier* in einer Textzeile.

   Das Sonderzeichen Backslash (\) entwertet eine eventuelle Sonderbedeutung eines ASCII-Zeichens.

   Beispiel: Das Suchmuster *3\.14* passt zu *3.14* in einer Textzeile.

3. Ein Punkt (.) ist regulär. Er passt zu einem beliebigen Zeichen in einer Textzeile.

   Beispiel: Das Suchmuster *a.c* passt zu *abc* und zu *a1c* usw. in einer Textzeile.

4. Ist *s* eine Zeichenfolge oder ein ASCII-Zeichenbereich, wie *a-z*, dann sind *[s]* und *[^s]* regulär. Das Suchmuster *[s]* passt zu jedem Zeichen einer Textzeile, das in s vorkommt. Das Suchmuster *[^s]* passt zu jedem Zeichen einer Textzeile, das in s nicht vorkommt.

   Achtung: *In [...]* haben nur ^ und - eine Sonderbedeutung, und zwar ^ nur als erstes Zeichen und - nur in einem gültigen ASCII-Bereich!

   Beispiele: Das Suchmuster *[ML]* aus passt zu Maus und zu Laus in einer Textzeile.
   Das Suchmuster [0-9][0-9] passt zu jedem Ziffernpaar in einer Textzeile.
   Das Suchmuster [^0-9] passt zu jedem Zeichen in einer Textzeile, das keine Ziffer ist.

5. Ist *r* regulär, dann ist auch *r** regulär. Das Suchmuster *r** passt zu allen Textzeilen, in denen *r* nullmal (!) oder öfter wiederholt (iteriert) vorkommt.

   Beispiel: Das Suchmuster *a** passt zu einer leeren Zeichenfolge, zu *a*, zu *aa*, zu *aaa* usw. in einer Textzeile.

6. Ist *r* regulär, dann sind auch *^r* und *r$* regulär. Das Suchmuster *^r* passt zu einem regulären Ausdruck *r* am Anfang einer Textzeile, während das Suchmuster *r$* zu einem regulären Ausdruck *r* am Ende einer Textzeile passt. Man beachte, dass das Sonderzeichen ^ zwei Sonderfunktionen hat. Als erstes Zeichen in einer eckigen Klammer ist es eine Art Negation (alle Zeichen außer denen in der Klammer), am Anfang eines Suchmusters bezeichnet es den Zeilenanfang.

Beispiel: Das Suchmuster *^[0-9][0-9]*$* passt zu allen Textzeilen, die ausschließlich aus Ziffern bestehen. In ihnen kommen auch keine Leer- oder Tabulatorzeichen vor! Man beachte den Aufbau des Suchmusters, der eine nullmalige Iteration durch das Sonderzeichen * berücksichtigt.

7. Ist *r* regulär, dann ist auch *\(r\)* regulär. Suchmuster dürfen demnach geklammert werden. Die Klammern sind Shell-Sonderzeichen (Kommandogruppen, Abschnitt 4.6) und müssen deshalb entwertet werden.

Beispiel: Das Suchmuster *ha\(ha\)** passt zu allen Textzeilen, die Ausdrücke der Form ha oder haha oder hahaha usw. enthalten.

10.2 grep-Familie

Syntax der grep-Aufrufe

Wie bereits im vorangehenden Abschnitt bemerkt, steht die Bezeichnung *grep* für *get regular expression.* Bisher ist immer nur von einem einzigen *grep*-Tool gesprochen worden, es gibt jedoch drei von ihnen. Sie decken bezüglich der regulären Ausdrücke drei unterschiedlich mächtige Bereiche ab, verwenden etwas unterschiedliche Optionen sind aber ansonsten gleich. Man spricht von einer *grep*-Familie. Im einzelnen handelt es sich um die folgenden Tools:

fgrep

fgrep *Fast Grep (fgrep)* kann nur reguläre Ausdrücke ohne Sonderzeichen verarbeiten. Da keine Suchmuster auszuwerten sind, ist *fgrep* das schnellste, aber auch das am wenigsten mächtige Mitglied der *grep*-Familie.

grep

grep Verarbeitet werden reguläre Ausdrücke, so wie sie im vorigen Abschnitt vorgestellt worden sind. *grep* muss die entsprechenden Suchmuster auswerten und ist langsamer als *fgrep*, allerdings wesentlich mächtiger.

egrep

egrep *Extented Grep (egrep)* verarbeitet erweiterte reguläre Ausdrücke. Sie verwenden zusätzliche Sonderzeichen, wie zum Beispiel +, die weitergehende Konstruktionen zulassen.

Das eben erwähnte Zeichen + bewirkt, dass ein Suchmuster der Form *r+* zu jedem erweiterten regulären Ausdruck in solchen

Textzeilen passt, in denen der erweiterte reguläre Ausdruck *r* einmal (!) oder öfter nebeneinander vorkommt. Das ist ganz ähnlich wie das Sonderzeichen *, nur dass hier eine nullmalige Iteration ausgeschlossen ist.

Für die Beispiele und Übungen des vorliegenden Buchs genügen reguläre Ausdrücke. Für eine ausführliche Behandlung erweiterter regulärer Ausdrücke sei auf das Buch von Staubach [STA89] verwiesen. *egrep* ist das mächtigste und langsamste Mitglied der *grep*-Familie. *grep* ist das am häufigsten benutzte Tool aus der Familie. Das liegt daran, dass die mit regulären Ausdrücken formulierbaren Suchmuster ausreichend komplex sind, um den meisten Anwendungen gerecht zu werden. Deshalb soll im folgenden immer *grep* als Vertreter aller drei Tools verwendet werden. Das Kommando ist folgendermaßen aufgebaut.

grep [-Optionen] Suchmuster Dateiname(n)

grep kann Dateinamen als Argumente haben, aber auch als Filter arbeiten, also von seiner Standard-Eingabedatei lesen. Ausgegeben werden immer alle Zeilen der angegebenen Textdatei(en), in denen eine Textstelle zu dem jeweils angegebenen Suchmuster passt. Die Kommandozeile wird von der Shell gelesen und interpretiert. Kommen in dem Suchmuster Sonderzeichen vor, die auch Shell-Sonderzeichen sind, wie beispielsweise *, so sind sie zu entwerten. Am einfachsten ist die Verwendung einfacher Hochkommata ' ...' . Man vergleiche dazu Abschnitt 5.4.

grep-Optionen

Es folgen einige häufig verwendete Optionen des *grep*-Tools. Eine vollständige Zusammenstellung findet sich beispielsweise bei Bourne [BOU92].

-v Alle Zeilen, die ***nicht*** zu dem Muster passen, werden ausgegeben.

-c Es wird nur die Anzahl der Treffer-Zeilen ausgegeben.

-n Die Treffer-Zeilen werden mit ihren Zeilennummern, die sie in der Datei haben, ausgegeben. Die Zeilennummern stehen, unmittelbar gefolgt von einem Doppelpunkt, unmittelbar vor den Zeilen.

-i Groß- und Kleinbuchstaben werden gleichbehandelt.

-x Nur die Zeilen werden ausgegeben, die vollständig zu dem Muster passen. Diese Option gibt es nur für *fgrep*.

-s Die Fehlerausgabe, die sich auf fehlende oder nicht lesbare Dateien bezieht, wird unterdrückt. Diese Option gibt es nur für *grep*, nicht für *fgrep* und *egrep*.

-e Das ist eine Option für *fgrep* und *egrep*, aber nicht für *grep*. Wenn -e vorkommt, muss es die letzte Option sein. Sie sorgt dafür, dass der erste Buchstabe eines Suchmusters, das mit einem Bindestrich beginnt, nicht für eine Option gehalten wird. Beim Arbeiten mit *grep* kann man den Bindestrich beim Suchmuster in eine eckige Klammer setzen.

Beispiel: fgrep -e ' -abc' Dateiname
grep ' [-]abc' Dateiname

grep-Rückgabewerte

Der Rückgabewert eines Kommandos wird von der Shell in der Variablen ? gespeichert (siehe Abschnitt 6.2). *grep* liefert folgende Rückgabewerte:

0 *grep* hat das angegebene Suchmuster wenigstens einmal gefunden.

1 *grep* hat das angegebene Suchmuster nicht gefunden.

2 Bei der Programmabarbeitung hat es einen Fehler gegeben. Beispielsweise könnte die angegebene Datei nicht vorhanden oder der reguläre Ausdruck fehlerhaft aufgebaut sein.

Beispiele

Alle Zeilen von a.txt, in denen ausschließlich Ziffern vorkommen

```
---> $ grep ' ^[0-9][0-9]*$' a.txt
                              # Vom Zeilenanfang bis zum
                              # Zeilenende: Eine Ziffer,
                              # gefolgt von null oder mehr
                              # Ziffern
```

Alle Zeilen von a.txt, die mit dem Buchstaben s oder S beginnen

```
---> $ grep -i ' ^s' a.txt                # oder auch

---> $ grep ' ^[sS]' a.txt
```

Alle Verzeichnisse in /usr mit x-Bit für die Others

```
--->$ ls -al /usr | grep ' ^d........x'
```

10.3 Einführung in das awk-Tool

awk-Anwendungen

Auch das UNIX-Werkzeug *awk* arbeitet mit regulären Ausdrücken, geht jedoch über die Funktionalität der *grep*-Tools weit hinaus und erreicht eine Anwendungsbreite, die sehr nahe bei der einer der üblichen höheren Programmiersprachen liegt. Die Bezeichnung *awk* ist ein Kürzel für die Anfangsbuchstaben der Namen seiner Entwickler: Aho, Weinberger und Kernighan. Im Rahmen einer Einführung in UNIX kann die Betrachtung eines Werkzeugs wie *awk* nur entsprechend knapp ausfallen.
Es kann jedoch auf die Bücher der *awk*-Autoren [AHO97] sowie [ROB2001] und [HER 99] verwiesen werden, die *awk* in seiner vollen Anwendungsbreite beschreiben.

Mit *awk* können Texte (Textdateien) formatiert und transformiert werden. Anwendungen liegen unter anderem beim Zugriff auf Datenbestände (Data-Retrieval), bei der Datenvalidierung (Konsistenzprüfungen), bei der Datenreduktion, beim Erzeugen von Zusammenfassungen über Daten (Report-Writing), bei der Aufbereitung von Dokumenten, beim Aufbau von Indizes und nicht zuletzt bei der Implementierung kleinerer Kommandosprachen, sogenannter Little Languages, für (selbst geschriebene) Werkzeuge.
Bei *awk* gibt es Zeilen, die in Felder eingeteilt sind, und es gibt Suchmuster, die zu bestimmten Feldern in bestimmten Zeilen passen können. *awk* arbeitet wie die Shell interpretierend und nicht compilierend. Jeder Auftrag wird unverzüglich eingelesen und ausgewertet; das Ergebnis wird sofort ausgegeben.

awk-Aufrufe

Die Textmusterverarbeitung wird durch ein *awk*-Programm gesteuert. Ist dieses Programm klein, so kann es in der Kommandozeile explizit als erstes Argument angegeben werden. Sonst wird es in einer Textdatei abgelegt. Diese wird dann beim *awk*-Aufruf anstelle des Programms angegeben. Zweites Argument beim Aufruf ist der Name (Pfadname) der Textdatei, die durch das *awk*-Programm bearbeitet werden soll.

awk

Aufruf des awk-Tools

```
---> $ awk ' awk-Programm' Dateiname            # oder

---> $ awk -f awk-Programmdateiname Dateiname
```

Befindet sich das *awk*-Programm unmittelbar in der Kommandozeile, so muss durch die Schreibweise erzwungen werden, dass es als erstes Argument erkennbar ist. Dazu kommt, dass es Shell-Sonderzeichen enthalten kann. Es ist sinnvoll, das Programm prinzipiell mit einfachen Hochkommata zu umgeben. Man vergleiche dazu Abschnitt 5.4. Ist das *awk*-Programm in einer Textdatei abgelegt, sind diese beiden klammernden Hochkommata überflüssig. Der Name der zu bearbeitenden Textdatei muss nicht zwingend als Argument angegeben werden. *awk* kann auch als Filter arbeiten, das heißt von seiner Standard-Eingabedatei und damit aus einer Pipeline lesen.

awk liest aus einer Pipeline

---> $ UNIX-Tool | awk ' awk-Programm' # oder

---> $ UNIX-Tool | awk -f Programmdatei

awk-Programme

Ein *awk*-Programm ist eine Sammlung von Paaren der Form

Bedingung { Aktion(en) }

Dabei sind die geschweiften Klammern um die Aktion bzw. um die Aktionen zu schreiben. Eine Raute (#) kann als Kommentarzeichen verwendet werden. Es ist zeilenbezogen und wirkt von der Position, an der es steht, bis zum jeweiligen Zeilenende. Die Bedingung-Aktions-Paare werden durch (wenigstens) ein NEWLINE-Zeichen oder Semikolon voneinander getrennt. Die beiden Komponenten eines solchen Paares sind optional, aber wenigstens eine muss vorhanden sein. Abbildung 14 zeigt in Form eines Struktogramms die Abarbeitung eines *awk*-Programms.

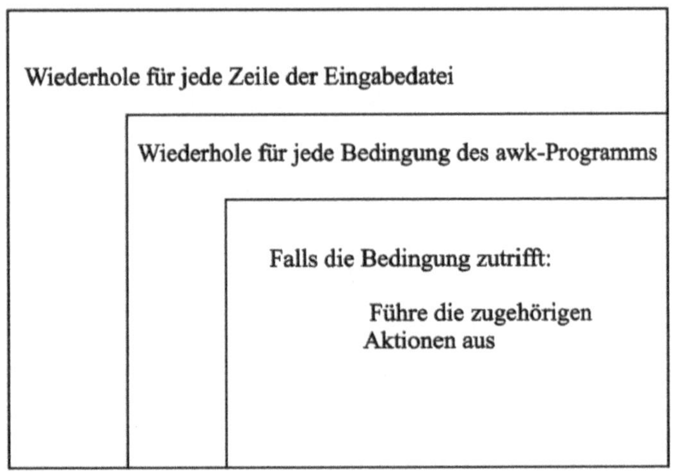

Abb. 14: Abarbeitung eines awk-Programms

awk nimmt die erste Zeile der zu bearbeitenden Textdatei. Dann werden alle Bedingungen des *awk*-Programms mit dieser Zeile geprüft. Für jede Bedingung, die zutrifft, werden jeweils die dazu im *awk*-Programm angegebenen Aktionen durchgeführt. Dann erst nimmt *awk* die zweite Zeile der zu bearbeitenden Textdatei und prüft erneut alle Bedingungen seines Programms, usw.

Einfache Bedingungen

Eine einfache Bedingung ist ein Text-Suchmuster oder eines der Schlüsselwörter BEGIN oder END. Ein Text-Suchmuster wird durch zwei Schrägstriche /.../ begrenzt. Die damit formulierte Bedingung ist wahr, falls das Suchmuster zu der gerade aktuellen Zeile passt. Fehlt bei einem Bedingung-Aktions-Paar die Bedingung, so wird jede Zeile als Treffer gewertet.

Beispiel: */.aus/* ist eine einfache Bedingung. Sie ist wahr, wenn in der aktuellen Zeile der Eingabedatei eine Textstelle wie Maus oder Laus usw. vorkommt.

BEGIN und END sind beide optional. Es handelt sich um zwei spezielle Bedingungen. Ist BEGIN angegeben, so werden vor dem Lesen der ersten Zeile der Eingabedatei die zugehörigen Aktionen durchgeführt. Analog werden die END-Aktionen nach der Verarbeitung der letzten Zeile der Datei durchgeführt. BEGIN wird für Überschriften, END für Zusammenfassungen verwendet. Mit diesen beiden Bedingungen kann jetzt der strukturell vollständige Aufbau eines *awk*-Programms vorgestellt werden.

```
BEGIN { Aktion(en) }

 Bedingung-1  { Aktion(en)-1 }
 Bedingung-2  { Aktion(en)-2 }
 ...

END { Aktion(en) }
```

Aktionen

Aktionen sind Befehle oder Befehlsfolgen, die an der Programmiersprache C orientiert sind. So gibt es unter anderem Verzweigungen mit *if*, Iterationen mit *while* und formatierte Ausgaben mit *printf*. Dazu kommt ein Ausgabebefehl namens *print*, der bei unparametrisiertem Aufruf die aktuelle Zeile der zu bearbeitenden Textdatei unverändert ausgibt. Bei parametrisiertem Aufruf sind Formatangaben möglich. Sind in einem Bedingung-Aktions-Paar keine Aktionen angegeben, wird { *print* } angenommen. Es folgen zwei Beispiele.

Ausgabe aller Zeilen von a.txt, die Meier enthalten

```
---> $ awk '/Meier/ { print }' a.txt          # oder auch
---> $ awk '/Meier/' a.txt
```

Ausgabe aller Zeilen von a.txt

```
---> $ awk '{ print }' a.txt
```

Felder

awk zerlegt jede Eingabezeile in Felder. Feldtrenner sind Leer- und Tabulatorzeichen oder aber (genau) ein selbst gewähltes Zeichen. Die Felder haben folgende Namen:

Die ganze Zeile heißt $0

Das erste Feld heißt $1
Das zweite Feld heißt $2
...
Das letzte Feld heißt $NF

Die Ähnlichkeit zu den Shell-Variablen für Kommandoaufrufparameter fällt sofort ins Auge. Jedoch ist Vorsicht angebracht. Das sind keine Shell-Variablen. Sie reichen nicht von 1 bis 9 und bedürfen keines shift-Kommandos, um weitere Werte zugänglich zu machen. Hier ist $ kein Wertabrufsymbol, sondern Namensbestandteil. Das zweite Feld einer Zeile heißt $2, und $2 wird von *awk* so behandelt, wie Variablen in höheren Programmiersprachen behandelt werden:

{ print $2 } gibt das zweite Feld aus. $12 ist das zwölfte Feld und $NF das letzte einer jeden Eingabezeile. Das folgende Beispiel zeigt eine elementare Bearbeitung der Ausgabe des *who*-Kommandos durch *awk*. Die Ausgabe von *who* wird über eine Pipeline an *awk* übergeben, der zwei Felder herausfiltert, ihre Reihenfolge vertauscht und sie ausgibt.

Felder bei der who-Ausgabe

```
--->  $ who
      bill     tty12   Apr   11 10:25
      nanny    tty08   Apr   11 09:31
      jeff     tty17   Apr   11 12:03
```

awk filtert zwei Felder heraus

```
--->  $ who | awk '{ print $5, $1 }'
      10:25    bill
      09:31    nanny
      12:03    jeff
```

awk-Variablen

Die Felder, in die *awk* Eingabezeilen zerlegt, können als *awk*-Variablen aufgefasst werden. Neben ihnen gibt es weitere zu *awk* gehörende Variablen. Einige von ihnen sollen jetzt vorgestellt werden. Auf die Behandlung benutzerdefinierter Variablen soll aus Platzgründen verzichtet werden. Alle Variablen des *awk* sind Stringvariablen. Allerdings gibt es eine Besonderheit: Wenn in einem Rechenausdruck alle Teile eindeutig als numerisch identifiziert werden können, arbeitet *awk* numerisch. Alle *awk*-Variablen sind durch Leerzeichen beziehungsweise durch Null vorbelegt. Im Zusammenhang mit dem Feldbegriff ist bereits eine zu *awk* gehörende Variable benutzt worden. Gemeint ist $NF, das letzte Feld einer Eingabezeile.

Unter anderem benutzt *awk* noch folgende Variablen:

NR Die Nummer der aktuellen (der gerade gelesenen) Zeile.

NF Die Anzahl der Felder der aktuellen Zeile. Man verwechsle NF und $NF nicht miteinander. NF ist die Anzahl der Felder, $NF ist das letzte Feld.

FS Diese Variable enthält das Feldtrennzeichen. Sie kann nur ein einziges Zeichen aufnehmen. Voreingestellt sind Leer- und Tabulatorzeichen, die zusammen als nur ein einziges Zeichen gewertet werden. Der Benutzer kann durch eine Wertzuweisung der Form *FS=Zeichen* einen eigenen Feldtrenner vereinbaren.

Durch das letzte Beispiel ist auch die Art von *awk*-Variablen-Wertzuweisungen gezeigt worden. Das folgende *awk*-Programm kann als Zeilenzähler für Textdateien dienen. Es benutzt lediglich die speziellen Bedingungen BEGIN und END und beruht auf der Überlegung, dass die Variable NR nach dem Durchgang durch die jeweilige Textdatei die Nummer ihrer letzten Zeile enthält.

```
# awk-Programm zeil: Ein Zeilenzähler
#
BEGIN    { print "Zeilenzählung" }
END         { print NR }
```

awk-Aufruf mit Zeilenzähler

```
--->  $ awk -f zeil a.txt
      Zeilenzählung
      37                          # a.txt hat 37 Zeilen
```

Komplexe Bedingungen

Neben den bisher benutzten einfachen Bedingungen können auch solche verwendet werden, die Felder, Variablen und explizite Vergleichsausdrücke enthalten. Aus Platzgründen soll nur ein einziges Beispiel behandelt werden. Dabei soll eine Textdatei namens *personal.dat* existieren, die dreifeldrige Zeilen mit den Feldbedeutungen Name, Stundenlohn in DM und Anzahl geleisteter Stunden enthält. Die Felder sollen durch Tabulatorzeichen voneinander getrennt sein:

```
Meier    15.05   12
Pautz    14.00   35
Schmitt  16.50   20
...
```

Der folgende *awk*-Aufruf sucht alle Namen aus *personal.dat* heraus, zu denen Arbeitslöhne (Stundenlohn x Stundenzahl) über 300.00 Euro gehören.
Der Backslash entwertet das NEWLINE-Zeichen und leitet damit die Folgezeile ein:

awk-Aufruf: Arbeitslöhne über 300 Euro

```
---> $ awk ' $2 * $3 > 300.00 \
         {print $1, $2 * $3}' personal.dat
     Pautz 490.00
     Schmitt 330.00
```

Formatierte Ausgabe

C-Programmierern ist der *printf()*-Befehl geläufig. Es ist der hauptsächliche C-Ausgabebefehl. Seine Stärke sind die Formatangaben zur Steuerung der Ausgabe. Auch hier soll ein Beispiel genügen. Mit der Formatangabe "%s" (die doppelten Hochkommata gehören dazu) wird eine Zeichenfolge (ein String) ausgegeben. Mit "%10s" kann der Benutzer eine Ausgabebreite von 10 Zeichen vorgeben, in die rechtsbündig geschrieben werden soll. Mit "%-10s" wird Linksbündigkeit verlangt, und mit "%-10s\n" die Forderung nach Ausgabe eines NEWLINE-Zeichens angeschlossen. Mit "%7.2f" werden Realzahlen (Float) rechtsbündig in einer Breite von 7 Schreibstellen ausgegeben, wobei nach dem Dezimalpunkt zwei Stellen kommen. Der *awk*-Befehl *printf* ist folgendermaßen aufgebaut:

printf "Format" Ausdruck1, Ausdruck2, ...

Dabei enthält Format, wie gerade beschrieben, Formatangaben zusammen mit auszugebenden Zeichen. Die Werte der dann folgenden Ausdrücke, das sind meist Variablen, werden entsprechend der Formatangaben ausgegeben. Die Anzahl der Formatangaben und der Ausdrücke müssen übereinstimmen.
Das Beispiel mit den Arbeitslöhnen wird noch einmal aufgegriffen. Das Kommando ist zu lang für eine Zeile.
Der Backslash entwertet das NEWLINE-Zeichen und leitet damit die Folgezeile ein:

awk-Beispiel: Formatierte Ausgabe mit printf

```
---> $ awk ' $2 * $3 > 300.00 \
       { printf "%-10s%7.2f" $1, $2 * $3 }' personal.dat
     Pautz 490.00
     Schmitt 330.00
```

Übungen

Praktische Übungen

10.1 Man überarbeite das Shell-Script tf aus der Übung 9.1 derart, dass die tabellarischen Teile seiner Ausgabe auf das *awk*-Tool gelenkt und mit dessen Hilfe formatiert werden.

10.2 Formulieren Sie einen *grep*-Aufruf um festzustellen, welche Benutzer kein Passwort gesetzt haben.

10.3 Setzen Sie mit *awk* in einer Textdatei an das Ende jeder Zeile einen Punkt.

Verständnisfragen

10.4 Welcher reguläre Ausdruck bildet ein Suchmuster, das zu jeder nicht leeren Zeile passt, in der kein *e* vorkommt?

10.5 Wieso ist *fgrep* das schnellste Werkzeug aus der *grep*-Familie?

10.6 Nennen Sie drei Anwendungsgebiete für *awk*?

Hinweise auf den interaktiven Lehrgang auf CD-ROM

Zu dem Kapitel Textmusterverarbeitung empfiehlt es sich, folgende Lektionen auf der CD-ROM zu bearbeiten:

- **Dateisystem**
  - Dateioperationen
- **Sonstiges**
  - Shellscripte

11 C-Schnittstelle

11.1 Systemaufrufe

Aufrufe in Maschinensprache

Die Bedeutung von Systemaufrufen, insbesondere die Eigenschaft, dass der Kern des UNIX-Betriebssystems ausschließlich über sie erreicht werden kann, wurde bereits im Abschnitt 1.3 dargestellt. Die Dienste des UNIX-Betriebssystems wurden bisher als Shell-Kommandos in Anspruch genommen. Diese werden auf Systemaufrufe zurückgeführt. Sollen jedoch Systemaufrufe unmittelbar benutzt werden, sind sie als Befehle der jeweiligen Maschinensprache, in der Regel in ASSEMBLER-Form, aufzurufen. Prinzipiell sind dazu folgende Maßnahmen erforderlich:

1. Ein Rechenregister des Prozessors ist mit der Nummer des Systemaufrufs zu laden. Eventuell sind weitere Rechenregister mit Parametern für diesen Aufruf zu belegen.

2. Dann ist der Interrupt-Befehl (*Supervisor Call*) zu starten. Dies führt zur Abarbeitung einer zugehörigen Interrupt-Service-Routine. Diese realisiert den Systemaufruf.

3. Nach Beendigung der Interrupt-Service-Routine kann (in der Regel) einem bestimmten Rechenregister ein Rückgabewert, manchmal ist das lediglich eine Erfolgsmeldung, entnommen werden.

Zu vielen Programmiersprachen, unter UNIX insbesondere zur Programmiersprache C, gibt es vorgefertigte Bibliotheken mit Funktionen, die Systemaufrufe auslösen. Dem C-Programmierer stellt sich damit ein Systemaufruf wie eine gewöhnliche C-Funktion (ein C-Unterprogramm) dar.
Das Programmieren mit Systemaufrufen ist Aufgabe des Fachgebiets Systemprogrammierung und setzt Kenntnisse über die meist umfangreichen Parametrisierungsmöglichkeiten (und

eventuellen Seiteneffekte) der Aufrufe voraus. Im Rahmen der vorliegenden anwenderbezogenen Einführung können zu Systemaufrufen lediglich einige allgemeine Hinweise gegeben werden. Ausführliche Behandlungen findet man bei Bach [BAC92], Leffler/ McKusick/ Karels/ Quaterman [LEF92] und Rochkind [ROC91]. Auch ist ein Hinweis angebracht, dass dieses Kapitel keineswegs einen C-Kurs ersetzen soll oder kann. Es werden lediglich einige Aspekte für einen UNIX-Anwender angesprochen. Als Lehrbücher über C können Kernighan/Ritchie [KER90] und Kelley/Pohl [KEL2001] verwendet werden.

Aufrufe zum Dateisystem

Systemaufrufe, die sich auf das UNIX-Dateisystem beziehen, dienen dem Erzeugen, Verwalten und Löschen von Dateien. Es folgen drei Beispiele.

creat()

creat() Mit diesem Systemaufruf wird eine Datei erzeugt. Als Parameter sind der Dateiname (Pfadname) und die Zugriffsrechte anzugeben. Rückgabewert ist eine kleine Integerzahl, die in anderen Systemaufrufen als Dateibezeichner (File Descriptor) dient.

read()

read() Mit *read()* wird aus einer Datei gelesen. Parameter sind ein Dateibezeichner, ein Speicherbereich (Array) für die Aufnahme der zu lesenden Zeichen und ihre Anzahl.

close()

close() Dieser Aufruf hat als Parameter einen Dateibezeichner. Er schließt diese Datei. Das bedeutet, dass der Dateibezeichner und bestimmte Pufferbereiche wieder freigegeben werden.

Aufrufe zur Prozessverwaltung

Die Vertreter dieser Gruppe von Systemaufrufen dienen dem Erzeugen, Verwalten, Synchronisieren und Beenden von Prozessen, sowie der Interprozesskommunikation.

Beispiele sind:

fork()

fork() Mit einem *fork()*-Aufruf verdoppelt sich der aufrufende Prozess. Der Aufruf hat keine Parameter.

Oft überlagert das Prozessduplikat sein Programm durch ein anderes. Damit ist dann insgesamt ein *neuer* Prozess entstanden (vgl. Abschnitt 7.1). Das Überlagern eines Programms durch ein anderes erfolgt mit *exec()*-Systemaufrufen, von denen es mehrere Ausprägungen gibt, die alle unterschiedlich geschrieben und parametrisiert werden. Sie heißen beispielsweise *execl()* oder *execve()*, aber keiner von ihnen heißt *exec()*. Letzteres ist lediglich als Klassenname zu verstehen.

sleep()

sleep() Der Systemaufruf *sleep()* hält den aufrufenden Prozess so viele Sekunden lang an, wie der (einzige) Parameter angibt.

exit()

exit() Damit wird ein Prozess beendet. Der Aufruf hat als Parameter eine kleine Integerzahl, die zusammen mit einem Fehlercode den Rückgabewert eines Prozesses darstellt. Man verwechsle den Systemaufruf *exit()* nicht mit dem Shell-Kommando *exit*. Dessen Argument wird unmittelbar Rückgabewert. (Er wird zum Wert der Shellvariablen *?* (Fragezeichen)).

11.2 Aufbau eines einfachen C-Programms

Programmstruktur

Ein C-Programm wird mit einem Texteditor, wie dem *vi*, erstellt. Als Dateinamens-Endung (Extension) wird üblicherweise *.c* verwendet. Ein C-Programm besteht aus folgenden Teilen, die bis auf den im Extremfall leeren *main()*{}-Teil optional sind. Die Abbildung 15 zeigt die Grobstruktur eines C-Programms. Kommentare in C-Programmen beginnen mit dem Zeichenpaar /* und enden mit dem Paar */. Dabei dürfen Zeilengrenzen überschritten werden. Einige Compiler lassen Kommentarschachtelungen zu. Ein C-Programm beginnt in der Regel mit der Angabe sogenannter *include*-Dateien. Das sind Dateien, die vor Beginn der eigentlichen Übersetzung ohne Veränderung an die Stelle des C-Programms gesetzt werden, an der die entsprechende *include*-Anweisung steht. Die Raute vor dem Schlüsselwort *include* weist den Compiler, genauer einen Präcompiler, an, die angegebene Datei zu laden. *include*-Dateien enthalten Vereinbarungen spezieller, immer wieder verwendeter Konstanten und Ähnliches. Sehr selten enthalten sie Programme. Werden globale, in allen Programmteilen erreichbare, Variablen benötigt, so werden sie nach den *include*-Dateien und vor dem Schlüsselwort main vereinbart.

include

```
#include Datei
...

Globale Variablen;

main() {                /* Kommentar */

   Lokale Variablen;
   Befehle und Funktionsaufrufe;

   }
```

Abb. 15: Grobstruktur eines C-Programms

Bei *main* beginnt das Hauptprogramm. Es enthält Vereinbarungen lokaler Variablen, Befehle und Unterprogrammaufrufe. Unterprogramme in C sind prinzipiell als Funktionen der Form *f(x)* realisiert und werden meist in der Form

Wert = f(x)

aufgerufen. Auch *main* macht, was die Funktionsschreibweise angeht, keine Ausnahme. Mit der Funktion *main()* beginnt die Programmabarbeitung. C-Befehle werden durch ein Semikolon abgeschlossen. Mehrere Befehle können durch Klammerung mit {...} zu einer Verbundanweisung zusammengefasst werden, die überall dort stehen kann, wo ein C-Befehl stehen kann. Verbundanweisungen werden ohne Semikolon beendet.

Es folgt ein Beispiel für ein kleines, jedoch vollständiges C-Programm, das als Verneigung vor Kernighan und Ritchie [KER90], den Vätern von C, verstanden werden sollte. (Mit diesem Beispiel beginnt das Standardwerk über C.)

```
/* first.c     Ein einfaches C-Beispiel */

#include <stdio.h>          /* I/O-Vereinbarungen in */
                    /* /usr/include/stdio.h      */

main() {

   printf("hello, world\n");   /* Funktionsaufruf        */
   }
```

Übersetzen und Binden mit cc

Um aus einem Programm in einer höheren Programmiersprache, man spricht von einem Quellcode, ein ablauffähiges Programm in Maschinensprache zu erzeugen, sind mehrere Schritte notwendig. In der Regel wird der Quellcode zuerst von einem Präcompiler so aufbereitet, dass sprachüberschreitende Konstruktionen, wie beispielsweise *include*-Anweisungen, aufgelöst (durch Anweisungen der Programmiersprache ersetzt) werden. Dann übersetzt der Compiler das Ergebnis des Präcompilerlaufs in Maschinensprache. Trifft er dabei auf Funktionsaufrufe ohne den zugehörigen Funktionscode zu finden, unterstellt er, dass dieser später nachgeliefert wird und bereitet seine Ausgabe entsprechend auf. Nach dem Compilieren wird durch das sogenannte Binden (mit dem Binder oder Linker oder Linkage Editor) der Zugang zu dem Code der noch offenen Funktionen, der oft in Funktionsbibliotheken gesammelt ist, hergestellt. Das dann entstandene Programm in Maschinensprache ist ablauffähig. Um ablaufen zu können, muss es (durch den Lader) in den Hauptspeicher gebracht werden. Eventuell sind dabei (vom Lader) noch Adressanpassungen vorzunehmen.

Das UNIX-Werkzeug *cc* führt in seiner Voreinstellung die Präcompilation, die Compilation und das Binden durch und erzeugt eine Datei mit dem ausführbaren Programm. Durch entsprechende Parametrisierung [GUL95] können die drei Schritte auch isoliert gestartet werden. Das Laden erfolgt durch den Kommandozeilenaufruf der Programmdatei. Der *cc*-Aufruf hat viele Parameter, von denen hier nur ein einziger benutzt wird. Es ist eine Option, mit deren Hilfe die Datei, in die das ablauffähige Programm abgelegt wird, einen individuellen Dateinamen erhält. Wird auf diese Option verzichtet, ist *a.out* immer der Name dieser Datei. Eine Datei für das ablauffähige Programm wird allerdings nur dann erzeugt, wenn die einzelnen *cc*-Schritte fehlerfrei waren.

cc

Aufruf von cc

```
---> $ cc first.c              # Erzeugt a.out

---> $ cc first.c -o first     # Erzeugt first
```

Das ablauffähige Programm wird dann folgendermaßen gestartet:

Start des ablauffähigen Programms

```
--->  $ a.out                          # bzw.

--->  $ first                          # Beide Aufrufe liefern:
      hello, world
```

Der „cc"-Compiler ist nur im BSD–Unix enthalten. Bei System V-Versionen muss er meist zugekauft werden. Es ist dann oft der gcc (auch bei Linux) vorhanden. Bei der Option cc „*-o*" wird meist kein *a.out* erzeugt.

Die C-Funktion system()

Mit dem Funktionsaufruf

system("Shell-Kommando")

kann jedes Shell-Kommando und insbesondere jede Shell-Kommandoprozedur aus einem C-Programm heraus gestartet werden. Als Beispiel wird mit einem C-Programm das aktuelle Dateiverzeichnis aufgelistet. Dazu werden keine *include*-Dateien und weder globale noch lokale Variablen benötigt.

```
/*  ls.c      Aktuelles Verzeichnis listen    */

main() {
        system("ls -al");
        }
```

11.3 s-Bit-Mechanismus

Hintergrund

Es gibt eine UNIX-Eigenschaft, die nur für Maschinensprache-Programme festlegbar ist, jedoch nicht für Kommandoprozeduren der Shell. Gerät ein UNIX-Anwender in eine Situation, in der er die erwähnte Eigenschaft verwenden will, so

kann er eine Kommandoprozedur schreiben und diese über einen system()-Aufruf in ein C-Programm einbinden.
Nach dem Übersetzen hat der Benutzer ein Maschinensprache-Programm *(a.out),* für das die Eigenschaft festsetzbar ist. Die folgenden Absätze stellen diese besondere UNIX-Eigenschaft vor und beginnen mit Überlegungen, die zu ihrer Entstehung geführt haben. Man nehme einmal an, ein Anwender mit der Benutzerkennung *meier* habe eine Kommandoprozedur namens *proz* geschrieben, die auf eine Textdatei namens *dat* schreibend zugreift. Die Kommandoprozedur *tf* zusammen mit der Textdatei *telefon.dat* (Telefonverzeichnis) aus der Übung 9.1 ist dafür ein Beispiel. Kommandoprozedur *proz* und Textdatei *dat* gehören dem Anwender *meier.* Sie seien so geschützt, dass nur er auf sie zugreifen kann. Jetzt möchte er, dass auch alle anderen Benutzer seine Kommandoprozedur *proz* starten und damit (und nur damit) auf seine Textdatei *dat* zugreifen können. Ein erster Lösungsversuch könnte darin bestehen, dass der Anwender *meier* für die Kommandoprozedur *proz* für die Gruppenmitglieder und für die anderen Benutzer (die Others) das r- und das x-Bit setzt.

Erster Lösungsansatz

```
---> $ chmod 755 proz          # rwx r-x r-x
```

Die Lösung ist falsch. Zwar kann jetzt jeder Benutzer die Kommandoprozedur *proz* starten, damit jedoch nicht auf die Textdatei *dat* zugreifen. Das liegt daran, dass ein Prozess demjenigen gehört, also mit den Zugriffsrechten desjenigen ausgestattet ist, der ihn gestartet hat. Wenn ein Benutzer *schmitt* die Kommandoprozedur *proz* von *meier* startet, was er wegen der r- und x-Bits darf, dann arbeitet der zugehörige Prozess mit den Zugriffsrechten des Benutzers *schmitt.* Dieser jedoch darf auf die Datei *dat* von *meier* laut der vorausgesetzten Rechte nicht zugreifen. Ein zweiter Lösungsansatz könnte aus dem Setzen der r- und x-Bits bei der Kommandoprozedur *proz* und des w-Bits bei der Textdatei *dat,* jeweils für die Gruppenmitglieder und für die anderen Benutzer (Others), bestehen.

Zweiter Lösungsansatz

```
---> $ chmod 755 proz          # rwx r-x r-x
     $ chmod 622 dat           # rw- -w- -w-
```

Diese Lösung ist zwar arbeitsfähig, aber nicht praktikabel. Sie hat den Nachteil, dass jetzt jeder Benutzer die Textdatei *dat* unkontrolliert und unter Umgehung der Kommandoprozedur *proz* beschreiben kann. Es ist festzustellen, dass mit den bislang verfügbaren UNIX-Zugriffsrechten das geschilderte Problem nicht gelöst werden kann.

Set-User-Id-Bit

Eine Lösung bedarf einer Erweiterung der Zugriffsrechte, die technisch darin besteht, dass den bisherigen neun Dateischutzbits (vgl. Abschnitt 3.2) ein weiteres hinzugefügt wird. Es steht als erstes (linkes) einer Drei-Bit-Gruppe links neben den bisher bekannten neun Bits, heißt Set-User-Id-Bit und wird meist kurz als s-Bit bezeichnet.

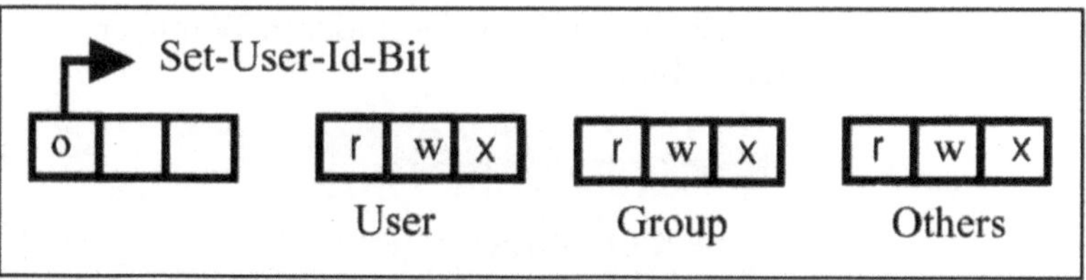

Das s-Bit wird mit dem bereits bekannten chmod-Kommando (Abschnitt 3.2) in der bereits bekannten Art gesetzt: Anstelle von drei Oktalzahlen werden jetzt vier angegeben, deren erste eine 4 (für 100) ist. *chmod* hat bisher deshalb funktioniert, weil die Oktalzahlen, wenn sie Null sind, von links her weggelassen werden dürfen. Chmod 711 entspricht chmod 0711.

Set-User-Id-Bit setzen

```
---> $ chmod 4711 a.b                # 4: s-Bit
```

Ist das Set-User-Id-Bit gesetzt, wird es bei der Ausgabe mit *ls -l* auf der Position des x-Bits des Benutzers als *s* angezeigt. Es verdeckt damit optisch das x-Bit, so dass man nicht mehr sehen kann, ob dieses gesetzt ist.

Anzeige des s-Bits

```
---> $ ls -l a.b
     -rws--x--x   usw.   a.b
```

Ist bei einem Programm das Set-User-Id-Bit gesetzt, dann arbeitet jeder Prozess, der das Programm durchführt, mit dem Namen (und der Kennung) des Besitzers des Programms. Dann darf mit dem Programm (und nur mit ihm) während seiner Laufzeit auf die Dateien des Programmbesitzers zugegriffen werden. Damit kann das eingangs geschilderte Problem (fast) gelöst werden. Auf die Einschränkung durch das fast wird gleich Bezug genommen. Der Benutzer *meier* setzt für die Kommandoprozedur *proz* für die Gruppenmitglieder und für die anderen Benutzer (Others) das r- und x-Bit, damit diese die Kommandoprozedur ausführen können. Dann gibt er der Kommandoprozedur *proz* das s-Bit. Auf seine Textdatei *dat* braucht nur er selbst Zugriff.

(Fast richtige) Lösung

```
--->  $ chmod 4755 proz
      $ chmod 600 dat
```

C-Bezug

Die angegebene Lösung ist nur deshalb nicht ganz richtig, weil der s-Bit-Mechanismus nur bei Dateien wirkt, die Programme in Maschinensprache enthalten. Bei Kommandoprozeduren wird das s-Bit nicht ausgewertet. Die (richtige) Lösung ist naheliegend: Die Kommandoprozedur *proz* wird mit einem *system()*-Funktionsaufruf in ein C-Programm eingebettet. Aus dem C-Programm wird mit *cc* ein ablauffähiges Programm erzeugt. Jetzt kann der dazu gehörenden Programmdatei das s-Bit gegeben werden. Eine Anwendung des s-Bit-Verfahrens ist die Umsetzung des Passworts durch einen Benutzer. Dabei wird das dem Systemverwalter gehörende Programm *passwd* vom Benutzer gestartet und damit auf die ebenfalls dem Systemverwalter gehörende Datei */etc/passwd* zugegriffen, um das Passwort zu ändern. Das funktioniert nur, weil der Superuser der Programmdatei *passwd* das s-Bit gegeben hat.

Set-Group-Id-Bit und Sticky-Bit

Es gibt ein zweites s-Bit. Es heißt Set-Group-Id-Bit oder Gruppen-s-Bit und steht unmittelbar rechts neben dem Set-User-Id-Bit im vordersten Drei-Bit-Muster der Dateischutzbits. Ist für ein Programm das Gruppen-s-Bit gesetzt, dann gelten für einen Prozess, der dieses Programm abarbeitet, die Zugriffsrechte der Gruppe des Besitzers. Das dritte, am weitesten rechts stehende Bit aus dieser vordersten Drei-Bit-Gruppe der Dateischutzbits heißt Sticky-Bit und kann nur vom Systemverwalter gesetzt werden. Es hat mit dem Ein- und Auslagern von Programmen im Hauptspeicher zu tun und soll hier nicht behandelt werden. Gulbins [GUL95] geht etwas näher darauf ein.

Übungen

Praktische Übungen

11.1 Übersetzen Sie das im Abschnitt 11.2 angegebene C-Programm *first* und erweitern Sie es danach durch zusätzliche *printf()*-Befehle.

11.2 Erproben Sie C-Programme mit (Folgen von) system()-Funktionsaufrufen.

11.3 Man binde die Kommandoprozedur *tf* aus den Übungsaufgaben 9.1 und 10.1 mit Hilfe der system()-Funktion in ein C-Programm ein. Man versehe das übersetzte Programm und die Datei *telefon.dat* mit solchen Zugriffsrechten, dass alle Teilnehmer am Rechenbetrieb damit sinnvoll arbeiten können.

Verständnisfragen

11.4 Wie wird auf der Ebene der Maschinensprache eines Rechners ein Systemaufruf ausgelöst?

11.5 Ein Benutzer hat seiner Programmdatei *prgrm* (Maschinensprache) mit chmod 6700 *prgrm* beide s-Bits gegeben. Kann ein anderer Benutzer *prgrm* starten?

12 UNIX in Netzen

Zugriffe auf gemeinsame Dateien mit Hilfe eines Netzwerkes ist eine wesentliche Grundlage für Benutzergruppen und damit eine der wesentlichsten Funktionen der Vernetzung. Zu diesem Thema muss zunächst etwas über die Sicherheit in Netzen gesagt werden. Die folgenden Unterkapitel haben damit zu tun. Die Sicherheit im Netzwerk spielt eine große Rolle und man sollte daher die Bedrohungen kennen. Diese Angriffe über Netzwerke sind durch einige Problemstellen im Betriebssystem UNIX bzw. Linux vorgegeben: u.a.

a. Passwortdateien, die von Benutzern über Netzwerk gelesen werden können.
b. Nicht gerade gut entworfene Dienste, die einerseits unzureichende Authentisierung durchführen oder auf eine andere Weise in nicht genügendem Maße gesichert arbeiten (u.a. NFS und NIS sowie X11)
c. Programmfehler, manchmal auch im Unix-Kernel
d. Missbrauch erlaubter Mechanismen (u.a. .rhosts-Datei)
e. Nutzung von Schutzmechanismen durch Generierung gefälschter Netzwerkpakete.
f. Zugriffsrechte im Dateisystem falsch gesetzt.
g. Zugriffsrechte von Systemprogrammen
h. Benutzerfehler jeglicher Art

In der heutigen netzwerkbasierten Rechnerwelt werden überwiegend die netzwerkbedrohenden Kommandos wie die r-utilities sowie die Kommandos *telnet* , ftp und das ältere Kommando *uucp*, welches heute eher selten zum Einsatz kommt, von den Netzwerkadministratoren und Systemadministratoren unterbunden, um die Sicherheit von UNIX-Systemen nicht zu gefährden. UNIX- und Linux-Server spielen gerade im Netzwerkbetrieb eine immer wesentlichere Rolle, da diese von der Adressierbarkeit wesentliche Vorteile bieten als andere Systeme. Daher muss in Zukunft auf Sicherheitsaspekte immer mehr Wert gelegt werden.

12.1 Secure-Shell

Hierbei spielt derzeit die *secure*-Shell eine wesentliche Rolle, die eine Verschlüsselung beim Zugriff auf ferne UNIX-Rechner übernimmt, sodass eine Sicherheitsstruktur aufgebaut wird, die effektiv die Kommandos *ftp, tftp, telnet* sowie die Berkeleyremotebefehle *rsh, rlogin, rcp* durch Klientenserveranwendung ersetzt. Bei den genannten Diensten, werden Daten und insbesondere Passwörter unverschlüsselt (d.h. im Klartext) über die Netze geschickt, während mit *ssh* alles verschlüsselt übertragen wird. Zusätzlich verschlüsselt *ssh* X11-Verbindungen, setzt dabei automatisch die Display-Variable und gestattet, beliebige TCP/IP-Verbindungen zu tunneln. Es wird vorausgesetzt, dass auf dem Zielrechner der *ssh*-Server und auf dem Client-Rechner (von der aus man eine Verbindung zum Zielrechner herstellen will) der *ssh*-Client installiert ist.
Der SSH-Server wird standardmäßig bei jedem Systemstart mit aktiviert. Dabei wird beim ersten Start über einen Zufallsgenerator mit einem bestimmten Primzahlen-Alogorithmus zwei Schlüssel generiert: Einen öffentlichen Schlüssel (private key), der zum Entschlüsseln der Daten nötig ist. Diese Schlüssel werden meist schon bei der Erstinstallation generiert und im Verzeichnis */etc/ssh* zur weiterten Verwendung gespeichert.

ssh

Bei der Zugangsvalidierung über *ssh* gibt es im wensentlichen zwei Möglichkeiten:

a. Zugang mit Passwort-Authentisierung
   d.h. nach Absetzen eines *secure*-Shell Kommandos wird man nach dem Passwort auf dem Zielrechner gefragt Dieses wird verschlüsselt übertragen.

b. Zugang mit RSA-Authentisierung
   d.h. SSH bietet zusätzlich die sogenannte RSA-Authentisierung. Diese Form der Validierung ist noch sicherer. Statt eines Passwortes kann ein ganzer Satz (Passphrase) als Zugangsvalidierung gewählt werden. Der private RSA-Schlüssel wird mit der Passphrase verschlüsselt, um ihn vor Missbrauch zu schützen. Wegen der erhöhten Sicherheit wird empfohlen, möglichst diese Art der Validierung zu nutzen.

Die oben benannten sicherheitsgefährdenden Kommandos werden aber der Vollständigkeit halber im folgenden beschrieben und deren Ersatzbefehle durch die *secure*-Shell erläutert.

12.2 Client-Server-Modell

UUCP

Kommunikationsmöglichkeiten zwischen Benutzern waren von Anfang an in das UNIX-System integriert. Im Abschnitt 2.3 sind die Kommandos *write* und *mail* vorgestellt worden. Mit ihrer Hilfe können UNIX-Anwender Nachrichten austauschen. Hier sei direkt auf Sicherheitsprobleme hingewiesen, da solche Kommunikationsmöglichkeiten die Sicherheit des Betriebssystems empfindlich beeinflussen können. Das *write*-Tool wirkt direkt auf den Bildschirm eines Kommunikationspartners, *mail* arbeitet indirekt und realisiert einen Briefkasten-Dienst. Beide Werkzeuge arbeiten lokal. Damit ist gemeint, dass Sender und Empfänger dasselbe UNIX-System (denselben Rechner) benutzen müssen. Ende der siebziger Jahre sind UNIX-Rechner miteinander verbunden worden, anfänglich über Telefonleitungen und serielle Schnittstellen, heute vorwiegend über Ethernet-Standard. Es war naheliegend, rechnerübergreifende Dienste für die Kommunikation der Benutzer untereinander zu realisieren. Einer dieser frühen Dienste ist UUCP. Das Kürzel steht für *UNIX to UNIX Copy.* Mit UUCP können Dateien zwischen UNIX-Rechnern übertragen werden. Man nennt diese beiden Dienste *File Transfer* und *Remote Job Entry.* Die Syntax des Befehls *uucp* lautet:

```
uucp [Optionen] Quelldatei(en) Zielangabe
```

Optionen:	-d	alle notwendigen Verzeichnisse sollen automatisch erzeugt werden.
	-m	Benachrichtigung des Absenders, wenn die Übertragung beendet ist.

Das folgende Beispiel zeigt einen *File Transfer* von einem aktuellen Verzeichnis des lokalen Rechners zu einem fernen Rechner namens *sys05* in das ferne Verzeichnis */usr/meier* unter Beibehaltung des Dateinamens.

UUCP: File-Transfer

---> $ uucp a.txt sys05!/usr/meier/a.txt

UUCP arbeitet asynchron. Damit ist gemeint, dass ein Auftrag, zum Beispiel eine Dateiübertragung, nicht sofort ausgeführt wird. Er wird in einem Auftrags-Pool gehalten, bis das eigentliche Dateiübertragungsprogramm, vielleicht erst nach einigen Stunden den Auftrag ausführt.

Im lokalen Netz (LAN: Local Area Network) sind heute die häufigst anzutreffenden Netzwerke, auch im Hinblick auf eine Minimierung der Installationskosten und die Nutzung bereits vorhandener Verkabelungen, auf dem Ethernetstandard aufgebaut. Dabei sind Geschwindigkeiten von 100Mbit für Ethernet, 1000Mbit für Fast-Ethernet und Gbit-Ethernet möglich.

In der weiteren Entwicklung steht ein 10Gbit Ethernet kurz vor der Verbreitung.

Verteilte Systeme

Der Begriff *Verteilung* hat hier zwei Aspekte. Erstens kann er physikalisch (hardwarebezogen) gemeint sein und zweitens logisch (softwarebezogen).
Bei der physikalischen Verteilung wird eine Kopplung von Rechenanlagen zugrunde gelegt. Man spricht von einer *engen Kopplung*, wenn alle Prozessoren (alle Zentraleinheiten) aller Rechner auf einen gemeinsamen Hauptspeicher zugreifen können. Ist dies nicht der Fall, heißen die Rechner *lose gekoppelt.* Rechnernetze bestehen aus mehreren, möglicherweise verschiedenen und meist räumlich getrennten Rechenanlagen. Sie sind typischerweise lose gekoppelt. Der zweite Aspekt des Begriffs Verteilung bezieht sich auf die Software und ist funktional zu verstehen. Die Bewältigung einer Aufgabe wird auf mehrere, voneinander unabhängige Prozesse aufgeteilt. Die Funktionen der Anwendung sind verteilt. Der funktionale Verteilungsbegriff ist unabhängig vom physikalischen. Eine funktionale Verteilung kann lokal (auf einem einzelnen Rechner) gegeben sein, und ist dies zumindest in der Programm-Entwicklungsphase auch oft. Aber eine Abbildung auf eine physikalische Verteilung, auf ein Rechnernetz, ist offensichtlich. Mit der funktionalen Verteilung ist der Begriff *Transparenz* verbunden. Darunter versteht man die Sichtbarkeit oder besser die Unsichtbarkeit einer Verteilung. Man

spricht von einem *Verteilten System*, wenn die Tatsache der Verteilung für den Benutzer transparent (nicht sichtbar) ist. Eine Dienstleistung wird dabei durch ihren Namen angesprochen, und nichts weist darauf hin, dass dazu noch andere Prozesse gehören, die eventuell gar nicht lokal arbeiten, sondern auf fernen Rechnern. Ein bekanntes Beispiel für ein Verteiltes System ist das *Network File System* (NFS) der Firma Sun-Microsystems, das im Abschnitt 12.4 kurz behandelt wird. Es stellt netzweit und auf transparente Weise Dateien zur Verfügung.

Server und Clients

Die Architektur vieler funktionaler Verteilungen ist durch ein Client-Server-Modell geprägt. Dabei gibt es zwei Arten von Prozessen. Vertreter der ersten Art heißen *Server*. Das sind Prozesse, die Dienstleistungen erbringen. Typische Dienstleistungen sind das Erledigen von Druckaufträgen (*Print Serving*), das Übertragen und Aufbewahren von Dateien (*File Serving*), das Abwickeln von Terminalsitzungen an fernen Rechner (*Remote Login*) und das zur Verfügung stellen von Rechenleistung (*Compute Serving*). Server werden meist als Dämon-Prozesse, man spricht kurz von Dämonen, realisiert. Ein Dämon ist ein Prozess, der blockiert (schlafend) auf ein Ereignis wartet. Tritt dieses Ereignis ein, wird er vom UNIX-Kern geweckt, behandelt das Ereignis und blockiert sich wieder. Server sind passiv. Da viele von ihnen manchmal sehr lange darauf warten müssen, bis ihre Dienstleistung in Anspruch genommen wird, wird durch die Realisierung als Dämonen die CPU nicht unnötig belastet. Es entsteht kein *Busy Waiting*, also kein unnötiges Beschäftigen des Prozessors.
Die zweite Art von Prozessen im Client-Server-Modell sind die Client-Prozesse. Sie sind aktiv und verlangen von den Servern, die sie mit Hilfe von Interprozesskommunikationsmethoden ansprechen, eine Dienstleistung. In der Regel werden sie als Shell-Kommando gestartet. Man beachte, dass die Server vor ihren Clients vorhanden sein müssen. Dies wird vom Systemverwalter beim Hochfahren des Betriebssystems erledigt. Die Server blockieren sich sofort und warten (schlafend) auf Clients.

12.3 TCP/IP - Netzwerkmanagement

TCP/IP

Die Fähigkeit von Computern und Netzwerken, auf der ganzen Welt Informationen und Nachrichten im Internet auszutauschen, ist einer relativ simplen Idee zu verdanken: Teile jede Information und jede Nachricht stückweise in Pakete auf, schicke diese Pakete zu ihrem Bestimmungsort und setze die Pakete dort wieder zu ihrer ursprünglichen Form zusammen, so dass sie vom Empfänger angesehen und verwendet werden können. Das ist, was die beiden wichtigsten Kommunikationsprotokolle des Internets tun: das Transmission Control Protocol (TCP) und das Internet Protocol (IP). Sie werden kurz TCP/IP genannt. TCP teilt die Päckchen auf und setzt sie wieder zusammen, während IP für die Zustellung der Pakete an ihren Zielort verantwortlich ist.

TCP/IP ist der Internet-Standard, auf dessen Grundlage Daten paketweise (packet-switched) versendet werden. In einem solchen Netzwerk gibt es keinen zusammenhängenden Datenstrom zwischen Sender und Empfänger. Stattdessen wird die Information beim Sendevorgang in kleine Pakete aufgeteilt, die gleichzeitig auf verschiedenen Pfaden weitergeleitet und am Zielort wieder zusammengesetzt werden.

Im Gegensatz dazu ist das Telefonnetz ein kreisgeschaltetes (circuit-switched) Netzwerk. Werden in einem solchen direkten Netzwerk Verbindungen hergestellt, wie z.B. bei einem Telefonanruf, widmet sich dieser Teil des Netzes ausschließlich der einen Verbindung. Computer, die die Vorzüge des Internet voll nutzen möchten, brauchen spezielle Software, die das TCP/IP-Protokoll verstehen und auswerten kann. Diese Software ist als Socket oder TCP/IP-Stack bekannt. Die Software dient als Vermittler zwischen Internet und PC.

Ein Computer kann mit einer Netzwerkkarte an ein lokales Netzwerk angebunden werden. Um mit dem Netzwerk zu kommunizieren, benötigt die Netzwerkkarte einen Hardwaretreiber, eine Software, die zwischen Netzwerkkarte und Netzwerk vermittelt. Falls ein Computer nicht mit einer Netzwerkkarte an ein lokales Netz angeschlossen ist, kann stattdessen auch ein Modem benutzt werden, mit dem man sich dort einwählt. Trotzdem wird auch hier ein TCP/IP-Stack gebraucht, damit der Computer die TCP/IP-Protokolle nutzen kann. Dafür ist keine Netzwerkkarte erforderlich und auch kein Hardwaretreiber. In diesem Fall wird eines der folgenden Softwareprotokolle benötigt: entweder SLIP

(Serial Line Internet Protocol) oder PPP (Point-to-Point Protocol). Diese Protokolle verschaffen den Zugang über eine laufende Verbindung mit einem Modem. Generell ermöglicht das neuere PPP-Protokoll eine fehlerfreiere Verbindung als das ältere SLIP. Computer können sich auch ohne TCP/IP-Stacks, SLIP oder PPP ins Internet einwählen, aber sie sind dann nicht in der Lage, dessen Leistungsfähigkeit zu nutzen.

Für Einzelheiten sei auf die Literatur, insbesondere auf Leffler/McKusick/Karels/Quaterman [LEF92], Habermaier [HAB91], sowie Stevens [STE2001] verwiesen.

Ziel der TCP/IP-Entwicklung war das Verfügbarmachen der beiden grundlegenden Netzwerkdienste: Terminalsitzung an einen fernen Rechner (Remote Login) und Dateiübertragung zwischen Rechnern (File Transfer). Die Netzwerkprotokolle *TCP* und *IP* werden fast durchgängig zusammen eingesetzt. Die Protokolle umfassen grob die Netzwerk- und die Transport-Schicht (Schichten 3 und 4) des OSI-Schichtenmodells. (siehe Abb. 16 und 17)

Layer		Schicht
7	Application	Anwendung
6	Presentation	Datendarstellung
5	Session	Kommunikations-steuerung
4	Transport	Transport
3	Network	Vermittlung
2	Data Link	Verbindung
1	Physical	Bitübertragung

Übertragungsmedium

Abb. 16: ISO/OSI-Schichtenmodell

7	Application Layer	Mail Telnet	FTP NFS	RSH RCP	NNTP SMTP	X.400 MHS
6	Presentation Layer	XDR				X.409 (ASN.1)
5	Session Layer	RPC				BCS/BAS
4	Transport Layer	TCP	UDP	TP4		
3	Network Layer	IP		CLNP		
2	Data Link Layer	IEEE 802.2		Ethernet	Point-to-Point	X.25
1	Physical Layer	IEEE 802.3 CSMA/CD	IEEE 802.4 Token Ring			

Abb. 17: Protokollarchitektur in UNIX

Ein Großteil der UNIX-Netze kombiniert Ethernet und die Netzwerkprotokolle TCP/IP. Innerhalb der IP-Familie werden nur Internet-Adressen mit einer Länge von 32 Bit eingesetzt. Eine zentrale Aufgabe der zu der IP-Familie gehörenden Protokolle ist die Umsetzung von Ethernet- in Internet-Adressen.

Die zu übertragenden Daten werden von TCP in Segmente aufgeteilt, welche jeweils mit einem TCP-Header versehen werden. Auf der Ebene der Netzwerk-Schicht wird bei allen IP-Protokollen in Form von **Internet-Datenpaketen** (*Internet Datagrams*) gedacht. Es wird zwischen Verwaltungsdaten (*IP Header*) und Nutzdaten unterschieden. Die maximale Größe der Nutzdaten wird durch die Größe eines Datenpaketes im Ethernet bestimmt. Erst die **Ethernet-Pakete**, die die Internet-Pakete enthalten, wandern über das Netz zum Zielrechner.

Ethernet Ziel-adresse	Ethernet Quell-adresse	Type-Code	Zielinternetadresse Quellinternetadresse Protokollnummer Prüfsumme u.a.	Zielportnummer Quellportnummer Sequenznummer Prüfsumme u.a.	Daten	CRC Prüf-summe

Ethernet-Header IP-Header TCP-Header

Abb. 18: Datenübertragung bei Verwendung der TCP/IP- und Ethernet-Protokolle

Hostname

Jeder Rechner in einem Netzwerk besitzt einen sogenannten Hostnamen, der im gesamten Netzwerk eindeutig ist. Damit wird erreicht, dass Benutzer mit einem kurzen Namen andere Rechner ansprechen können. Dieser Name ist meist leichter zu behalten als die jeweilige Netzwerkadresse. Hostnamen sollten deshalb leicht einzuprägen und kurz sein. Ein vollständiger Hostname darf nicht länger als 64 Zeichen sein und muss klein geschrieben. werden.

Dezimale-Punktschreibweise	163.52.128.72
Hexadezimale Punktschreibweise	A3.34.80.48
Hexadezimale Schreibweise im C-Stil	0xa3348048
Binär	10100011001101001000000001001000

Netzwerkadresse

Die Rechner in einem TCP/IP-Netzwerk besitzen alle eine sogenannte Netzwerkadresse (IP-Adresse), die im gesamten Netzwerk eindeutig ist. Jede IP-Adresse besteht aus vier Zahlengruppen, die durch Punkte (dots) getrennt sind, beispielsweise: 163.52.128.72.

Die IP-Adresse besteht aus Netz-ID und Host-ID. Mit der Netznummer wird die kontrollierende Organisation identifiziert, während die Hostnummer oder Portnummer die betreffende Verbindung des Zuständigkeitsbereiches dieser Organisation identifiziert.

IP-Adressen werden in mehrere Adressklassen eingeteilt:

Netzklasse	**Max. Anzahl von Netznummern**	**Max. Anzahl von Hosts pro Netz-nummer**
A	126	16 777 214
B	16 382	65 534
C	2 097 150	254

Adressklassen werden anhand der ersten acht Bits identifiziert. Sie sind in der zweiten Spalte der Tabelle unter der Überschrift Klassen-Bit dargestellt.

Adress-klasse	**Klassen-Bit**	**Anzahl Netz-Bits**	**Erster gültiger Wert**	**Letzter gültger Wert**
A	0	7	1	126
B	10	14	128.1	191.254
C	110	21	192.0.1	223.255.254

Die Netzwerkadresse 127.1 wird als Loop-Back-Adresse benutzt, d.h. Daten, die an diese Netzwerkadresse geschickt werden, werden sofort an den gleichen Rechner zurückgesandt. In UNIX und Linux wird normalerweise diese Adresse in der Datei */etc/hosts* als localhost zugewiesen.

/etc/hosts

Die Datei */etc/hosts* im Betriebssystem UNIX bzw. Linux enthält die Namen aller Rechner, die im lokalen Netz miteinander kommunizieren sollen. Wenn ein neuer Rechner in ein bestehendes lokales Netzwerk eingebunden werden soll, so muss der Systemadministrator folgende Schritte unternehmen. Zunächst muss der neue Rechner physikalisch an das lokale Netzwerk angeschlossen werden. Dem Rechner muss ein Hostname und eine Netzwerkadresse zugewiesen werden. Wenn ein neuer Host in ein bereits existierendes Netzwerk eingebunden werden soll, so muss die zugewiesene Adresse mit dem im Betriebssystem vorgegeben Schema übereinstimmen. Dies geschieht bei UNIX bzw. Linux , indem die Datei */etc/hosts* editiert und der neue Rechner dort eintragen wird. Auf Rechnern mit anderen Betriebssystemen muss analog vorgegangen werden.

Ein Fallbeispiel für eine */etc/hosts* in einem lokalen Netzwerk wird im folgenden dargestellt und erläutert. Die Zeilen, die mit einem # beginnen, sind Kommentare und werden vom Betriebssystem bei Ausführung ignoriert:

/etc/hosts

```
# Loopback-Adresse fuer localhost.
#
#This entry must be present or the system will not work
 127.0.0.1        localhost
#
192.168.2.70     eux20
192.168.2.71     eux21
192.168.2.72     eux22
192.168.2.73     eux23
192.168.2.74     eux24
192.168.2.75     eux25
#
#eux26 ist der Intranetrouter
192.168.2.38     eux26
#
192.168.2.76     eux27
193.23.168.2     zsoll
193.23.168.16    zvms1
193.23.168.228   zux21
```

Jede Zeile besteht aus drei Feldern die mit einem *tab* (Tabulator) getrennt eingegeben sind.:

```
Netzwerkadresse   Hostname   etwaige Aliase (Synonyme)
```

Im oben gezeigten Fallbeispiel einer */etc/hosts* ist 192.168.2.70 ..76 ein lokales Netzwerk, 193.23.168 ein anderes separates Netzwerk. eux26 arbeitet als Firewall und Router zwischen den beiden Netzen.

Nachdem die Eintragung des neuen Rechners vollzogen ist, sollte man als Systemadministrator zunächst das System neu starten und danach mit einem *ping*-Befehl sicherstellen, dass die Netzwerkverbindung zu diesem Rechner sichergestellt ist. Der *ping*-Befehl ist ein sehr einfaches Werkzeug, um die Netzwerkverbindung zu überprüfen. Als Argument erwartet der *ping*-Befehl den Hostnamen des entfernten Rechners.

ping

```
$ ping eux23

PING EUX23 (192.168.2.73): 56 data bytes
64 bytes from 193.168.2.73:icmp_seq=0 ttl=255 time=1.58ms
64 bytes from 193.168.2.73:icmp_seq=0 ttl=255 time=0,856ms
64 bytes from 193.168.2.73:icmp_seq=0 ttl=255 time=0,862ms
64 bytes from 193.168.2.73:icmp_seq=0 ttl=255 time=0,867ms
^C
-------EUX23 PING Statistics -------
5 packets transmitted, 5 packets received 0%packet loss
round-trip min/avg/max=0,856/1.007/1,581ms
```

Diese Ausgabe in der jeweiligen *shell* zeigt auf, dass eux23 die Daten, die der lokale Rechner verschickt, empfängt und dass der lokale Rechner die jeweilige Antwort von eux23 auch erhält.

Die Systemdateien */etc/hosts.equiv* sowie *.rhosts* ermöglichen den Zugriff auf andere Rechner, ohne dass ein Passwort abgefragt wird. Der Systemadministrator kann diese Berechtigungen erzeugen und pflegt diese Dateien auch.
Das folgende Fallbeispiel einer Datei */etc/hosts.equiv* zeigt die Rechner, auf die Benutzer ohne Passwortabfrage zugreifen können.

/etc/hosts.equiv

```
eux21 +
eux23 +
eux24 +
eux25 +
```

In der gezeigten Datei */etc/hosts.equiv* sind also die Hostnamen der entfernten Rechner angegeben, auf die man sich z.B. mit rlogin einloggen kann ohne Abfrage eines Passwortes.
Wenn ein Benutzer mit der Eingabe in die Shell: rlogin eux21 über das Netzwerk auf den entfernten Rechner (eux21) zugreifen will, so überprüft der Rechner, ob der andere entfernte Rechner in */etc/hosts.equiv* eingetragen ist. Ist dies nicht der Fall, wird grundsätzlich ein Passwort abgefragt. Im anderen Fall prüft der Zielrechner anhand der */etc/passwd*, ob der Benutzer einen Account gleichen Namens auf dem Zielrechner (eux21) besitzt. Ist in der *etc/paaswd* der Benutzer auf dem Zielrechner eingetra-

gen, erhält der Benutzer Zugang ohne weitere Passwortabfrage. Diese Datei sollte niemals nur aus einem + Zeichen bestehen, da sonst alle Benutzer, die in der lokalen Passwortdatei */etc/passwd* eingetragen sind, ohne Passwort sich in das System einloggen können.
Die Datei *.rhosts,* die vom Systemadministrator im Home-Verzeichnis eines Benutzers eingerichtet werden kann, ist ein weiterer Sicherheitsmechanismus auf Accountebene. Diese Datei enthält einen Hostnamen und eine Liste von Benutzernamen.

```
Hostname   [ Benutzername ... ]
```

Als Fallbeispiel sei hier eine Datei *.rhosts* aus dem Home-Verzeichnis des Benutzers *nikola* abgebildet:

```
eux22    felix
eux24    peter
```

Diese Datei *.rhosts* erlaubt dem Benutzer *felix*, sich vom Rechner eux22 sowie *peter* vom Rechner eux24 einzuloggen..
Wird bei einem Login-Versuch über das Netzwerk der Zugriff auf die Datei */etc/hosts.equiv* verweigert, da dort keine Eintragungen sind, so wird danach auf dem Zielrechner die Datei *.rhosts* im Home-Verzeichnis des Benutzers überprüft. Sind Hostname und Benutzername des Users, der den Zugriff versucht, in dieser Datei vorhanden, so wird der Zugriff ohne Passwortabfrage gewährt.

12.4 TELNET und FTP

TELNET

TELNET ist ein TCP/IP-Anwendungsdienst für Terminalsitzungen an einem fernen Rechner (Remote Login). Auch dieser Anwendungsdienst stellt in der heutigen Zeit ein Sicherheitsrisiko in UNIX-Betriebssystemen dar. Er arbeitet mit einem Client-Server-Modell. Als Client dient das Programm *telnet.* Es emuliert ein Terminal und nimmt die Verbindung zu einem Server namens *telnetd* auf einem fernen Rechner auf. Der Begriff Emulation wird bei der softwaremäßigen Nachbildung eines technischen Geräts verwendet. Der TELNET-Dienst macht die Verteilung der Aufgaben auf einen Client am lokalen und einen Server am fernen System nicht transparent. Seine Benutzung setzt die Kenntnis des Netzwerknamens bzw. der Internet-Adresse des Zielrechners voraus.

telnet

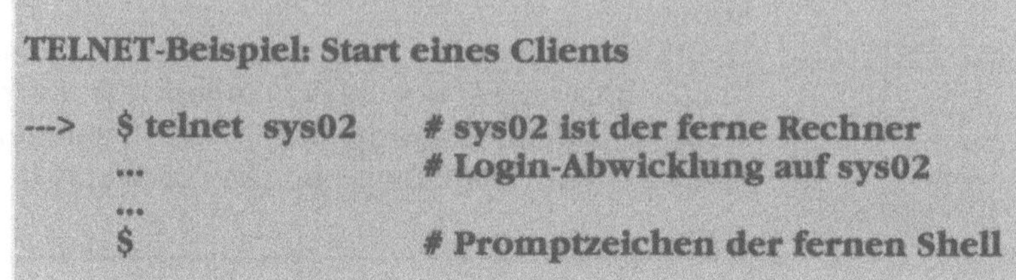

TELNET-Beispiel: Start eines Clients

```
---> $ telnet sys02     # sys02 ist der ferne Rechner
     ...                # Login-Abwicklung auf sys02
     ...
     $                  # Promptzeichen der fernen Shell
```

Die Eingabe eines *exit*-Kommandos beendet die ferne Shell, bewirkt damit die Abmeldung am fernen System und führt zum lokalen System zurück. Das Buch von Habermaier [HAB91] geht ausführlicher auf den TELNET-Dienst ein.
Der Ersatz für dieses Kommando stellt sich für die secure-Shell folgendermaßen dar:

ssh

```
--> $ ssh [ Userid@] Remote Host
```

Die Userid muss nur dann eingegeben werden, wenn die Userids unterschiedlich sind.

FTP

FTP steht für *File Transfer Protocol* und ist ein TCP/IP-Anwendungsdienst für Dateiübertragungen, der ebenfalls mit einem Client-Server-Modell arbeitet. Der Server *ftpd* (ein Dämon) bedient Clients namens *ftp*. Die Clients enthalten einen Kommandointerpreter mit Kommandos für das Senden, Empfangen, Löschen und Umbenennen von fernen Dateien, sowie für das Wechseln des fernen Dateiverzeichnisses. Das sind nicht alle FTP-Kommandos, aber eine vollständige Beschreibung geht über den Rahmen dieses Buchs hinaus. Ausführlichere Darstellungen sind bei Habermaier [HAB91] zu finden. Wie TELNET ist auch, wie das folgende Beispiel zeigt, der FTP-Dienst nicht transparent.

ftp

FTP-Beispiel: Datei a.txt von einem fernen Rechner holen

```
---> $ ftp sys03              # sys03 ist der ferne Rechner
     ...                      # Loginabwicklung auf sys03
     FTP>get a.txt            # FTP> ist Promptzeichen des FTP
     a.txt transfered ...     # Meldung des FTP
     FTP>quit
     $                        # Promptzeichen der lokalen Shell
```

Das Gegenstück zum *get*-Befehl des FTP-Dienstes ist der *put*-Befehl, mit dem Dateien zum fernen Rechner transportiert werden können. Bei FTP-Verbindungen zwischen Rechnern mit unterschiedlichen Namenskonventionen für Dateien, wird bei nicht konventionsgerechten Namen eine Fehlermeldung erzeugt und die Operation nicht durchgeführt. Das *ftp*-Programm (der Client) wickelt für den fernen Rechner eine Login-Prozedur mit Fragen nach Benutzername und Passwort ab. Logisch jedoch bleibt man, anders als bei TELNET, auf dem Client-Rechner. Das macht sich z.B. bei der Eingabe von Kommandos bemerkbar, die nur in ihrer lokalen Schreibweise verstanden werden.

Unterschiedliche Betriebssysteme stellen Textdateien in der Regel unterschiedlich dar. UNIX beendet die Zeilen seiner Textdateien mit einem LINEFEED-Zeichen (ASCII, dezimal 10) und führt kein explizites End-Of-File-Zeichen. UNIX verwaltet die Dateilänge lediglich in einer Dateiverwaltungsstruktur, die als I-Node bezeichnet wird. Diese Unterschiede in der Realisierung von Textdateien müssen bei Dateiübertragungen zwischen Rechnern beachtet werden. Der FTP-Dienst ist so voreingestellt, dass er Textdateien bei Übertragungen systemgerecht umwandelt. Allerdings ist gerade diese Wandlung in manchen Fällen unerwünscht. Beispielsweise sind Dateien, die mit einem PC-Textsystem, zum Beispiel mit *Word* erstellt worden sind, keine Textdateien. Sie enthalten eine Vielzahl von Steuerzeichen zur Layoutgestaltung. Unter diesen kann beispielsweise das Zeichen für End-of-File vorkommen. Sollen derartige Dateien zwischen verschiedenen Betriebssytemen übertragen werden, muss verhindert werden, dass der FTP-Dienst eine Umwandlung vornimmt. Dafür gibt es ein FTP-Kommando namens *binary*, das dann für eine bitgerechte Übertragung sorgt.

download

Eine der populärsten Anwendungen im Internet ist der Download von Dateien. Damit wird der Dateitransfer von einem Computer im Internet auf einen anderen Computer bezeichnet. Es lassen sich die unterschiedlichsten Dateien transferieren: ausführbare Programme, Grafiken, Sounds, Textdateien und viele mehr. Täglich werden Tausende von Dateien vom Internet kopiert. Die meisten werden mit dem Internet-Protokoll FTP (File Transfer Protocol) übertragen.

Mit FTP können Dateien von einem Computer auf einen anderen im Internet kopiert (Upload) werden. Um sich bei einem FTP-Server anzumelden und Dateien zu transferieren, benötigt man eine Zugangsnummer oder einen Benutzernamen und muss ein Passwort eingeben, bevor man vom Dämon eine Zugangsberechtigung erhält. Bei einigen Sites erhält jedermann Zugang, allerdings muss auch hier ein Benutzername sowie ein Passwort eingegeben werden. Bei diesen Sites verwendet man oftmals den Benutzernamen „Anonymous" und die eigene E-Mail-Adresse als Passwort. Aus diesem Grunde heißen diese Sites auch „Anonymous-FTP-Sites“. Manche FTP-Sites sind hingegen der Öffentlichkeit nicht zugänglich und erlauben statt dessen den Zugang nur solchen Benutzern, die über eine Benutzerkennung und ein Passwort verfügen.

FTP ist einfach zu bedienen. Wenn man sich bei einem FTP-Server anmeldet, kann man für jedes verfügbare Verzeichnis eine Liste der in diesem Verzeichnis vorhandenen Dateien anzeigen lassen. Findet man eine Datei, die man kopieren möchte, so teilt man der Client-Software mit, diese vom Server auf den eigenen Rechner zu transferieren. Mit der Popularität des World Wide Web ist der Transfer noch einfacher geworden. Man kann Webbrowser verwenden, bei denen lediglich entsprechende Links angeklickt werden können. Auf diese Weise wird der FTP-Transfer automatisch ausgeführt. Ein Problem beim Transfer von Dateien über das Internet ist die Größe mancher Dateien. Insbesondere bei Verwendung eines Modems kann dies zu erheblichen Zeitverzögerungen führen, selbst bei einer Verbindung mit 28.000 Bps. Um den Dateitransfer zu beschleunigen, werden Dateien normalerweise komprimiert, d.h. deren Größe durch spezielle Software reduziert (gepackt). Nachdem die Dateien kopiert sind, müssen diese mit dem Komprimierungsprogramm auf dem eigenen Rechner wieder dekomprimiert werden, bevor sie benutzt werden können.

Funktion von FTP

FTP folgt einem Client-Server-Modell. Hierzu benötigt man eine spezielle Client Software auf dem Computer. Um eine FTP-Sitzung zu beginnen, wird die FTP-Client-Software gestartet, die eine Verbindung zum FTP-Server aufbaut.
Auf dem FTP-Server läuft ein spezielles Programm, das sich „FTP Dämon" nennt und sämtliche Transaktionen steuert. Sobald ein FTP-Client mit einem Server in Verbindung tritt, fordert der Dä-

mon die Eingabe eines Benutzernamens sowie eines Passworts an. Bei vielen FTP-Sites kann sich jedermann anmelden, um Dateien zu kopieren. Einige FTP-Clients führen die Anmeldung am Server automatisch durch, so dass keine weiteren Angaben gemacht werden müssen.

Command Link

Wenn jemand sich bei einem FTP-Server anmeldet, wird eine sogenannte Befehlsverbindung (Command Link) zwischen dem Computer und dem Server eingerichtet. Diese dient dazu, Befehle vom Rechner an den Server zu schicken und Nachrichten sowie Informationen zu empfangen.

Um in ein anderes Verzeichnis des FTP-Servers zuwechseln, schickt die Client-Software unter Verwendung der Befehlsverbindung eine entsprechende Anweisung an den FTP-Dämon. Der Dämon wechselt das Verzeichnis und schickt dem eigenen Rechner wiederum unter Verwendung der Befehlsverbindung eine Liste der Dateien im aktuellen Verzeichnis zurück. Möchte man eine dieser Dateien transferieren, so schickt man eine entsprechende Anfrage über die Befehlsverbindung.

Data Connection

Bei einem Dateitransfer wird eine zweite Verbindung, die sogenannte Datenverbindung (Data Connection), aufgebaut. Diese Datenverbindung kann auf zwei verschiedene Modi geöffnet werden: ASCII oder binär. Der ASCII-Modus wird für den Transfer von Textdateien verwendet und verändert spezielle Zeichen wie z.B. "Line Feed" und „Carriage Return". Im Binärmodus hingegen werden Binärdateien unverändert übertragen. Mit der Datenverbindung werden Dateien vom Server auf den Rechner geladen. Nach Beendigung des Datentransfers wird diese Verbindung automatisch geschlossen. Die Befehlsverbindung bleibt fortwährend geöffnet, auch nach dem Schließen der Datenverbindung. Es ist ohne weiteres möglich, weiterhin die Verzeichnisse zu wechseln und Dateien zu transferieren. Nach Beendigung der Arbeit meldet man sich ab, woraufhin die Befehlsverbindung geschlossen wird. Der Computer ist nun nicht mehr mit dem FTP-Server verbunden.

secure-ftp,SSH-2

Auch hier ist festzustellen, dass zunehmend das ftp-Kommando durch die secure-Shell ersetzt wird. Das Kommando secure-ftp, dass unter SSH-2 verfügbar ist, erlaubt die von FTP her gewohnte Arbeitsweise, weist aber eine extrem schlecht Transferrate auf.

yscp, bbftp

Zwei Spezialentwicklungen (yscp und bbftp) lösen das Problem der mangelnden Geschwindigkeit dadurch, dass lediglich das Passwort verschlüsselt wird, die eigentlichen Daten jedoch unverschlüsselt übertragen werden.

R-Kommandos

Der FTP-Dienst hat einige Schwachstellen. Beispielsweise gestattet er in der Regel keinen Start eines allgemeinen Shell-Kommandos auf dem fernen Rechner. Auch sind mit FTP keine Übertragungen von einem fernen Rechner zu einem anderen fernen Rechner möglich. Dazu kommt, dass sowohl TELNET als auch FTP einen Anwender stets einer Anmelde-Prozedur unterziehen. Das schützt vor unberechtigten Zugriffen, kann jedoch sehr hinderlich sein, wenn ein Anwender häufig zwischen Rechnern wechseln muss.
Die Kritik an TELNET und FTP hat an der Universität von Berkeley im Rahmen der dortigen BSD-UNIX-Entwicklung zu weiteren grundlegenden TCP/IP-Anwendungsdiensten geführt. Alle deren Namen beginnen mit dem Buchstaben R für Remote (fern). Dies hat dieser Dienste-Sammlung den Namen gegeben.

Die Abwicklung einer Anmelde-Prozedur bei der Benutzung von R-Kommandos kann unter anderem dadurch umgangen werden, dass auf dem Zielrechner, also dort, wo die Kommandos wirken sollen, in einem Heimatverzeichnis eines Benutzers eine Datei mit dem festen Namen *.rhosts* existiert. In ihr ist festgelegt, welche Benutzer von welchen Rechnern aus dieses Verzeichnis benutzen dürfen, ohne sich explizit beim System anmelden zu müssen.
Die Datei *.rhosts* ist zeilenorientiert. Jede Zeile hat die Form Rechnername Benutzername. Angenommen, im Heimatverzeichnis */usr/meier* des Benutzers *meier* auf dem Rechner *sys03* befinde sich eine Datei *.rhosts*, die die Zeile *sys07 schmitt* enthält. Dann hat der Benutzer *meier* zugelassen, dass der Benutzer *schmitt*, wenn er auf dem Rechner *sys07* angemeldet ist, R-Kommandos starten darf, die sich auf den Rechner *sys03* beziehen, und zwar so, als wäre sein Heimatverzeichnis dort */usr/meier*. Dabei muss der Benutzer *schmitt* keine Anmeldung auf *sys03* durchführen. Es ist hier kein Platz, die R-Kommandos ausführlich zu besprechen. Es sollen lediglich die am häufigsten benutzten kurz genannt werden. Ansonsten ist auf die Literatur, insbesondere auf Habermaier [HAB91] und Brecht [BRE92] zu verweisen. Die R-Kommandos verwenden ebenfalls ein Client-Server-Modell. Folgende Dienste sind häufig verfügbar:

rlogin Remote-Login: Dieser Dienst entspricht in seiner Arbeitsweise und Bedienung dem TELNET-Dienst. Im Gegensatz zu TELNET kann ein Anmelde-Verfahren beim Zielsystem umgangen werden.

rlogin

```
Remote-Login auf dem fernen Rechner sys04

--->   $ rlogin  sys04
       $              # Promptzeichen der fernen Shell
```

Der Ersatz für dieses Kommando stellt sich für die secure-Shell wie beim Kommando telnet folgendermaßen dar:

ssh

```
Remote-Login auf dem fernen Rechner sys04 mit ssh

--> $ ssh [ Userid@] sys04
```

Die Userid muss nur dann eingegeben werden, wenn die Userids unterschiedlich sind.

rsh

rsh Remote-Shell: Mit dem RSH-Kommando wird auf einem fernen Rechner eine Shell gestartet, der ein fern auszuführendes Kommando beim Aufruf mitgegeben wird.

```
ls-Kommando auf dem fernen Rechner sys05

--->   $ rsh  sys05  ls
```

Der Ersatz für dieses Kommando stellt sich für die secure-Shell wie beim Kommando rexec folgendermaßen dar:

ssh

```
ls-Kommando auf dem fernen Rechner sys05 mit ssh

--> $ ssh [ Userid@] sys04 ls
```

Wenn der Befehl Wildcharacters enthält muss er bei der secure-Shell in Hochkommata eingschlossen werden, damit diese erst auf dem Zielrechner aufgelöst werden.

```
ls-Kommando auf dem fernen Rechner sys05 mit ssh

--> $ ssh [ Userid@] sys04  "ls –la .ssh/ssh*"
```

rcp

rcp Remote-Copy: Mit RCP wird das *cp*-Kommando der Shell auf ein rechnerübergreifendes Kopieren von Dateien erweitert. Fernen Dateinamen wird der Netzwerkname des fernen Rechners, durch einen Doppelpunkt getrennt, vorangestellt. Relative Pfadnamen des fernen Rechners beziehen sich auf das ferne Heimatverzeichnis.

Remote-Copy vom fernen Heimat-Verzeichnis des Rehners sys06 ins lokale aktuelle Verzeichnis

```
---> $ rcp sys06:a.txt a.txt
```

Der Ersatz für dieses Kommando stellt sich für die secure-Shell wie beim Kommando ftp folgendermaßen dar:

scp

Remote-Copy vom fernen Heimat-Verzeichnis des Rehners sys06 ins lokale aktuelle Verzeichnis

```
--> $ scp sys06:a.txt a.txt
```

rwho Remote-Who: Dieser Dienst gibt die netzweit gerade am Rechenbetrieb teilnehmenden Benutzer aus. Es gibt Implementierungen, bei denen die lokalen Benutzer nicht mit ausgegeben werden. Die Ausgabe ist bis auf die Erweiterung der Terminalbezeichnung, der bei RWHO der Rechnername vorangeht, mit der Ausgabe des *who*-Kommandos (vgl. Abschnitt 2.3) identisch.

rwho

Remote-Who

```
---> $ rwho
     meier   sys01:tty04 May  5  11:30
     schmitt sys05:tty12 May  5  08:13
     ...
```

12.5 NFS

Einbinden eines Dateisystems (Mounting)

Im letzten Abschnitt wurden traditionelle Internet-Anwendungsdienste vorgestellt. Die Entwicklung dieser Protokollfamilie ist jedoch keineswegs abgeschlossen. Sie geht einher mit der zunehmenden Verbreitung von UNIX-Arbeitsplatzrechnern (Workstations) und deren Integration in Rechnernetze. In diesem und im nächsten Abschnitt werden beispielhaft zwei neuere Softwaresysteme vorgestellt. Sie repräsentieren zwei große moderne Anwendungsgebiete, nämlich File- und Display-Serving.

Das *Network File System* (NFS) und die *Network Information Services* (NIS) sind eine Entwicklung der Firma SUN-Microsystems. Seit 1989 ist NFS Bestandteil von UNIX-System-V, Release 4 (SVR4). Entwicklungsziel war die Erstellung einer Software für einen transparenten Zugriff auf Dateien eines (fernen) Datei-Servers. Vergleichbare Produkte sind *Remote File System* (RFS) von AT&T, *Distributed File System* (DFS) von Siemens und *Lan-Manager/X* von IBM und Microsoft. Eine vertiefende Darstellung der Arbeitsweise und der Benutzung von NFS findet sich in dem Buch von Santifaller [SAN94].

NFS, SNFS,NIS+

Es gibt Weiterentwicklungen des *Network File System* (NFS) mit Namen SNFS (secure NFS) bzw. NFS+ sowie des *Network Information Services* (NIS) mit Namen NIS+, die eine höhere Sicherheit u.a. bei der Authentifizierung und bei der Datenverschlüsselung anstreben. In diesem Zusammenhang sei noch einmal auf die SSH (Secure Shell) hingewiesen, bei der ähnliche Ergänzungen vorgesehen wurden (siehe 12.1).

Um den Gedanken, der NFS zugrunde liegt, besser zu verstehen, sind ein paar Bemerkungen zu den Begriffen physikalisches und logisches Dateisystem angebracht. Das Betriebssystem MS-Windows beispielsweise arbeitet ausschließlich mit physikalischen Dateisystemen. Damit ist gemeint, dass auf jedem Windows-Datenträger ein vollständiges und in sich geschlossenes Dateisystem vorhanden ist. Ein Personal-Computer mit MS-Windows, der beispielsweise lediglich zwei Laufwerke hat, kann zu jedem Zeitpunkt immer nur mit höchstens einem von ihnen arbeiten, auch wenn beide mit Daten belegt sind. Ein *cd* von einem zum andern ist nicht möglich. Es kann nur das Laufwerk gewechselt werden. UNIX dagegen unterscheidet zwischen physikalischen und logischen Dateisystemen. Ein logisches Dateisystem umfasst in der Regel

mehrere physikalische Dateisysteme (auf einem oder mehreren Datenträgern). Für das *cd*-Kommando (für den Benutzer) sind die physikalischen Dateisysteme transparent. Mit dem Shell-Kommando *mount* wird ein physikalisches Dateisystem in ein bereits vorhandenes logisches Dateisystem eingebunden. Damit wird das logische Dateisystem erweitert. Als Einbindestelle ist ein leeres Verzeichnis des logischen Dateisystems zu benutzen.
Dieses Einbinden ist unabhängig von der Methode, einzelne Dateien auf einem transportablen Datenträger für Sicherungszwecke zu archivieren, wozu das Shell-Kommando *tar* [GUL95] benutzt werden kann. NFS verallgemeinert das UNIX-Kommando *mount* auf eine Anwendung im Netzbetrieb. In das lokale logische Dateisystem wird ein Teil eines fernen logischen Dateisystems eingebunden, so als wäre es ein physikalisches Dateisystem.

Eine klassische Anwendung für NFS ist, wie oben schon erwähnt, das „*mounten*" von Festplatten. NFS verwendet dazu folgende Konfigurationsdateien:

/etc/fstab

etc/fstab => In dieser Dateisystem-Konfigurationsdatei werden entfernte Dateisysteme eingetragen, wobei sie sich von regulären Einträgen nur leicht unterscheiden.

Fallbeispiel einer Datei */etc/fstab*

```
/dev/root / xfs rw,raw=/dev/rroot 0 0
eux23:/cbt/teams /cbt/teams nfs rw, hard, bg 0 0
eux23:/ cbt/unixkurs /cbt/unixkurs nfs rw,hard, bg 0 0
```

Dazu eine kurze Erläuterung der Einträge:
In der ersten Zeile der */etc/fstab* ist die root-Festplatte eingetragen, bei der die Eintragungen folgende Bedeutung haben:

/dev/root	=>	Pfadname, Verzeichnis
xfs	=>	ein XFS-Filesystem ist erzeugt.
rw	=>	legt fest, dass das Dateisystem zum Lesen und Schreiben gemountet ist.
raw	=>	raw-Partition 0 0

In der zweiten Zeile wird ein weiteres Filesystem gemountet :

eux23	=>	Name des entfernten Host gefolgt von einem Doppelpunkt.
/cbt/teams	=>	Pfadname mit
/cbt/teams	=>	Mountpunkt des zu exportierenden Dateisystems
nfs	=>	Der Dateisystemtyp lautet nfs (network-Filesystem)
rw	=>	legt fest, dass das Dateisystem zum Lesen und Schreiben gemountet ist.
hard	=>	legt fest, ob trotz *retrans*-Überlauf weiterhin versucht werden soll, eine Verbindung zum NFS-Server aufzubauen. Retrans bestimmt die Anzahl der Versuche, eine NFS-Anforderung zu übertragen.
bg	=>	sollte der erste Versuch, ein Dateisystem über NFS zu mounten, scheitern, versucht der Rechner es im Hintergrund noch einmal. Diese Option beschleunigt den Bootvorgang des Rechners, wenn entfernte Dateisysteme zeitweilig nicht zur Verfügung stehen.
0 0	=>	erste 0 bedeutet: Dumpfreq, die festlegt, wie häufig dieses Dateisystem mit dem dump-Utility gesichert werden soll. Wert 1 bedeutet, dass die Sicherung jeden Tag erfolgen soll, 2 bedeutet jeden weiteren Tag u.s.w. Wert 0 bedeutet, dass überhaupt keine Sicherung durchgeführt werden soll. Nicht alle UNIX-Betriebssysteme verwenden dieses Feld. Zweite 0 bedeutet: Pass-.Nummer, eine Dezimalzahl, die bestimmt in welcher Reigenfolge *fsck* die Dateisysteme prüfen soll. Dieses Feld sollte bei Swap-Bereichen auf 0 stehen.

Virtuelles Dateisystem

Realisiert wird das Einbinden eines fernen (Teil-)Dateisystems mit Hilfe eines, dem bisherigen Dateisystem vorgeschalteten virtuellen Dateisystems. Dieses kann auf Grund der durch das Einbinden vorhandenen Information entscheiden, ob ein Befehl eine Datei im lokalen oder im fernen Dateisystem anspricht. Auf der Seite der Befehlserteilung befindet sich ein NFS-Client. Befehle, die sich auf ferne Dateien beziehen, werden mit Hilfe einer rechnerübergreifenden Interprozesskommunikationsmethode einem fernen NFS-Server übermittelt und dort bearbeitet. In Abbildung 19 ist die NFS-Grobarchitektur dargestellt.

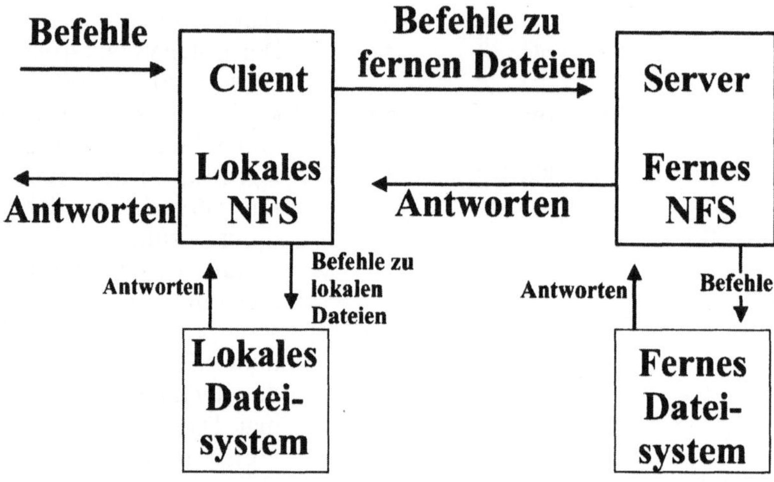

Abb. 19: NFS-Grobarchitektur

NFS-Anwendung

Den Anwender interessieren in der Regel weniger Details der NFS-Architektur als vielmehr konkrete Anwendungen und Bedienungshinweise. Eine praktische Anwendung ist beim Betrieb von Personal-Computern unter LINUX gegeben. Das führt bei ständig wechselnden Benutzern, wie es beispielsweise an Hochschulen der Fall ist, zu schwer pflegbaren Computer-Arbeitsplätzen. Werden diese Personal-Computer über ein Netzwerk mit einem UNIX-Rechner verbunden, und wird NFS zur Verfügung gestellt, dann können die Linux-Rechner als NFS-Clients arbeiten. Der UNIX-Rechner dient dabei als NFS-Server. Die dort abgelegten Dateien stehen den Linux-Benutzern transparent zur Verfügung und unterliegen gleichzeitig dem UNIX-Zugriffsschutz. So kann eine bestimmte Software allen Linux-Benutzern angeboten werden und braucht dennoch nur an einer Stelle gepflegt zu werden.

1. Voraussetzungen auf der UNIX-Seite

Einer der im Netzwerk verfügbaren UNIX-Rechner dient für den Linux-PC als File Server. Auf ihm muss der NFS-Server vom Systemverwalter gestartet worden sein. Weiterhin ist einer der U-NIX-Rechner, vielleicht derselbe, der auch als File Server dient, Berechtigungsverwalter (Authentication Server). Auch hier muss vom Systemverwalter die zugehörige Software gestartet und der Benutzer dem Berechtigungsverwalter bekannt gemacht worden sein.

2. Voraussetzungen auf der Linux-Seite
Auf dem Linux-Rechner steht die erforderliche Software in der Regel in einem bestimmten Verzeichnis zur Verfügung. Zu dieser Software gehören Verwaltungsdateien und Dienstprogramme.

Ein Beispiel für eine Verwaltungsdatei ist die Datei *hosts* (im Pfad */etc/hosts*), in der die Rechnernamen von im Netzwerk ansprechbaren Rechnern zusammen mit deren Internet-Adressen gespeichert sind.
Eine zweite Verwaltungsdatei mit Namen *hosts.equiv* (im Pfad */etc/hosts.equiv*) enthält die Namen der Rechner im Netz, die als sogenannt „vertrauungswürdig“ eingestuft werden. Von solchen Rechnern werden bestimmte Anforderungen (u.a. Anmeldungen, Kopieroperationen) mit eingeschränktem Autorisierungsaufwand akzeptiert. Diese Rechner werden oftmals wie die eigene Maschine behandelt.

Übungen

Praktische Übung

12.1 Ermitteln Sie den Namen Ihres UNIX-Rechners und versuchen Sie, eine TELNET- bzw. FTP-Verbindung von Ihrem Rechner zu Ihrem Rechner aufzubauen. Sprechen Sie bezüglich der vorhandenen Netzwerkdienste Ihren Systemverwalter an.

Verständnisfragen

12.2 Wieso wird NFS als Verteiltes System bezeichnet, FTP dagegen nicht?

Hinweise auf den interaktiven Lehrgang auf CD-ROM

Zu dem Kapitel Unix in Netzen empfiehlt es sich, folgende Lektion auf der CD-ROM zu bearbeiten:

- Dateisystem

- Netzwerkoperationen

13 Das UNIX-Fenstersystem

13.1 X-Window

CDE und KDE

Die Benutzeroberfläche von UNIX ist im CDE (***C**ommon **D**esktop **E**nvironment*) standardisiert worden (UNIX-98), ist herstellerübergreifend und beruht auf dem X-Window System. Die CDE-Definition zielt auf die Vereinheitlichung der Systembedienung am Desktop. Ein Desktopsystem baut auf einer grafischen Oberfläche mit Fenstersystem auf und beruht daher auf einem Anwenderprogramm unter einer solchen Oberfläche.
Alternativ wurde für Linux das KDE (K-Desktop-Environment) entwickelt (siehe dazu: http://www.kde.org). Auch das KDE beruht auf dem X-Window-System.

Fenster

Ein Fenster ist ein umrandeter, rechteckiger, zum Bildschirmrand paralleler Bereich eines Bildschirms. Jedes Fenster gehört zu einer Anwendung. Das heißt, es nimmt für diese Anwendung Eingaben entgegen und tätigt Ausgaben für sie. Ein Fenster kann mit einer bestimmten Funktionalität ausgestattet sein. Zu manchen Fenstern gibt es beispielsweise Funktionen, mit denen man die Fenster auf dem Bildschirm verschieben und in ihrer Größe verändern kann. Häufig sind kleinere Fenster in größeren enthalten und spielen dort beispielsweise die Rolle von Druckknöpfen für Menüauswahlen. Eine damit verbundene Funktion könnte umgangsprachlich formuliert folgendermaßen lauten:

Ist der Mauszeiger innerhalb des zum Menüpunkt A gehörenden kleinen inneren Fensters (dem Druckknopf) und wird die linke Maustaste gedrückt, dann ist der Menüpunkt A ausgewählt worden, und das zugehörige Programm ist zu starten.

Bei derartig geschachtelten Fenstern haben in der Regel nur die jeweils obersten, die Top Level Windows, Funktionen zum Verschieben und ähnlichem. Fenster auf der obersten Schachtelungsebene können sich überlappen und überlagern. Das heißt, sie können sich verdecken, und zwar teilweise oder auch ganz. Das oberste Fenster kann man (samt Inhalt) ikonisieren. Eine Ikone ist ein Symbol für ein Fenster. Ihr Inhalt ist vom Benutzer nicht lesbar, aber das zugehörige, auf dem Bildschirm nicht dargestellte Fenster kann Ausgaben tätigen und Eingaben entgegennehmen, die allerdings solange, wie die Ikonisierung besteht, nicht sichtbar sind.

Fenstersysteme

Fensterorientierte Benutzeroberflächen sind mit zwei getrennten Zielrichtungen entwickelt worden. Im Bereich der Personal-Computer begann bei den Firmen Atari und Apple eine Entwicklung, die vor allem durch den Rechner Macintosh von Apple weltweit bekannt geworden ist. Auch die Firma Microsoft hat ab dem Betriebssystem MS-Windows diese Technologie übernommen.

Eine zweite, von der ersten unabhängige Fenstersystem-Entwicklung hat im Bereich multitaskingfähiger Rechner stattgefunden. Ziel war die gleichzeitige Darstellung gleichzeitig arbeitender Programme auf einem einzigen Bildschirm. Die Erweiterung auf Rechnernetze ist offensichtlich. Eine typische Anwendung besteht darin, ein rechenintensives Programm auf einem dafür geeigneten, vielleicht wenig belasteten fernen Rechner im Netz laufen, seine Ausgabe jedoch am lokalen Arbeitsplatz anzeigen zu lassen. Anschaulich hat man am lokalen Rechner ein Fenster, in dem eine ferne Anwendung sichtbar ist. Das X-Window-System charakterisiert diese Entwicklung bei (vernetzten) UNIX-Rechnern.

X-Window

Die beiden aufgezeigten Entwicklungen schließen sich keineswegs aus. Im Gegenteil: sie ergänzen einander. So ist auf beiden Seiten eine Annäherung deutlich zu erkennen. MS-Windows und insbesondere MS-Windows-NT machen Multitasking verfügbar. X-Window wird mit Produkten wie OSF/Motif und Open Look beziehungsweise mit damit gestalteten sogenannten Desktop-Oberflächen wie Open Windows, Open Desktop oder Looking Glass, um nur einige zu nennen, einfach bedienbar gemacht. Im folgenden wird wegen des UNIX-Bezugs X-Window kurz vorgestellt. Vertiefungen finden sich in den Büchern von Quercia/O' Reilly [QUE93] und Mansfield [MAN91].

X

Das X-Window-System, das oft kurz nur X genannt wird, wurde in den 80er Jahren am MIT (Massachusetts Institute of Technology) in Boston entwickelt. Das Projekt ATHENA am MIT in Verbindung mit der Firma DEC hatte das Ziel, eine Arbeitsumgebung für sehr viele, miteinander vernetzte Computer bzw. Workstations zu schaffen.
Diese Entwicklung endete mit dem heute bekannten X-Window-System. Seit 1988 wird die Version X11 Release 2 vertrieben, die inzwischen Teil der X/OPEN -Spezifikationen (vgl. Abschnitt 1.2) geworden ist.
Derzeit ist die X11 Release 6.6 (4.April 2001) aktuell, sowie die Version 11 Release 6X11R6 für PC-basierte UNIX-Systeme.
X-Window ist ein Fenster-System für Rastergrafiken. Bei einer Rastergrafik entspricht jedem Bildpunkt (Pixel) ein Bitmuster im Speicher. Deshalb spricht man oft von Bit-Mapping oder Memory-Mapping. Die Abbildung 20 zeigt die Struktur des X-Window-Systems.

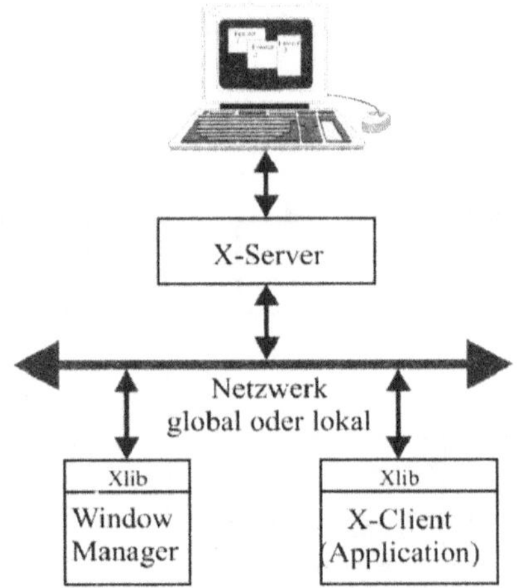

Abb. 20: Das X-Window-System

Displays

Der Begriff Display ist unter X-Window weiter gefasst als sonst üblich. Ein Display besteht aus einer Tastatur, einem Mauszeiger oder einem ähnlichen Zeigerinstrument und wenigstens einem Bildschirm. Mehrere Bildschirme können zusammenarbeiten, so dass sich z.B. ein Mauszeiger über physikalische Gerätegrenzen hinweg bewegen kann. Solange wie mehrere Bildschirme von einem Benutzer (einer Tastatur, einem Mauszeiger) kontrolliert werden, spricht man von einem einzigen Display.

13.2 X-Server und X-Clients

Traditionelle Grafikanwendungen greifen über Aufrufe von Funktionen einer Grafikbibliothek unmittelbar auf den Bildschirm zu. Sie schreiben und zeichnen auf den Bildschirm und reagieren auf Eingaben von der Tastatur oder der Maus. X-Window dagegen arbeitet nach einem Client-Server-Modell. Dabei ist der Prozess, der das Display kontrolliert, der Display-Server, der als X-Server bezeichnet wird. Client, meist X-Client genannt, ist der Anwendungsprozess, der vom X-Server eine Ausgabe auf dem Display wünscht oder vom ihm die Weiterleitung einer Eingabe erwartet.
Der X-Server und die X-Clients verkehren ausschließlich über Methoden der Interprozesskommunikation (IPC) miteinander. Diese Kommunikationsstruktur ist in Abbildung 21 dargestellt.

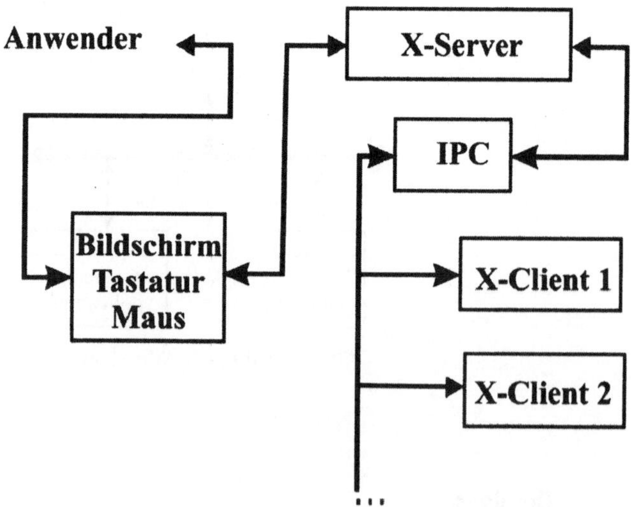

Abb. 21: X-Server und X-Clients

X war das erste herstellerunabhängige und für Jedermann zugängliche Window-System. Dadurch erreichte es eine große Verbreitung und um die dadurch entstehende Versionsvielfalt zu vermeiden, wurde ein X-Konsortium gegründet. Diesem traten etliche namhafte Hersteller bei und sie legten einen X-Standard fest, der heute als Industriestandard etabliert ist.

Eine der wichtigsten Eigenschaften des Window-Systems ist die gleichzeitige, fensterorientierte Darstellung von mehreren Applikationen.

Das X-Server-Programm

Der X-Server übernimmt die Anpassung an die vorhandene Hardware, also Grafikbildschirm, Tastatur und Maus. Dadurch kann das System in einem heterogenen Computernetz eingesetzt werden.

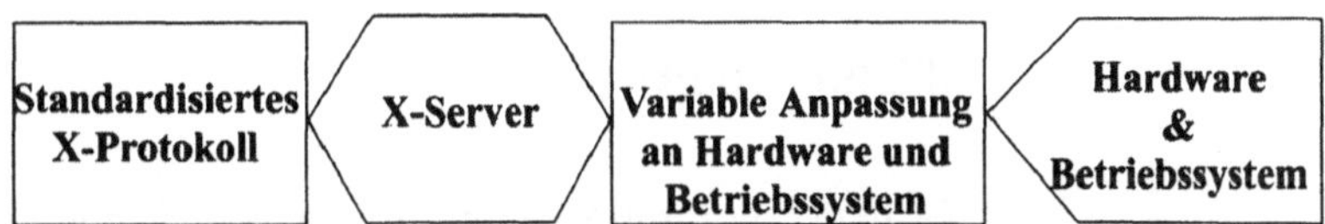

Abb. 22: Anpassung des X-Servers an die vorhandene Hardware

Der X-Server gestattet unter anderem den gleichzeitigen Zugriff auf das Display durch mehrere X-Clients, kommuniziert mit ihnen ausschließlich über IPC-Methoden, interpretiert ihre Nachrichten, zeichnet auf dem Display nach ihrer Anweisung, gibt Benutzereingaben an sie weiter und führt die zu der Verwaltung des Displays gehörenden Datenstrukturen. Diese Systemkonzeption lässt zu, dass der X-Server und alle X-Clients lokale Prozesse eines multitaskingfähigen Betriebssystems sind. In einem solchen Fall wird eine lokal verfügbare Methode der Interprozesskommunikation verwendet. Beispiele dafür sind Pipelines, Nachrichten-Warteschlangen (Message Queues) und gemeinsam benutzte Hauptspeicherbereiche (Shared Memory). Für eine Vertiefung kann auf das Buch Verteilte Systeme unter UNIX des Autors Brecht [BRE92] verwiesen werden. Die Systemkonzeption lässt weiterhin zu, dass der X-Server und einige X-Clients lokale, andere X-Clients ferne Prozesse sind. Ein ferner Prozess gibt dann auf dem lokalen Bildschirm aus. Dafür wird eine rechnerübergreifende Interprozesskommunikationsmethode benötigt. Unter UNIX stehen dafür sogenannte Sockets zur Verfügung. Anschaulich sind das rechnerübergreifende Pipelines.

Das X-Client-Programm

Der X-Client ist ein Anwendungsprogramm. Ein X-Client muss auf bestimmte asynchrone Ereignisse, sogenannte Events, reagieren. Dazu gehören Benutzereingaben über die Tastatur oder über die Maus, aber auch Veränderungen an den Fenstern, weil eventuell, z.B. bei einer Aufdeckung, der Fensterinhalt neu berechnet werden muss. Der X-Server reagiert auf jedes Ereignis, in dem er es als Nachricht kodiert und dem X-Client sendet. X-Server und alle X-Clients führen eine Warteschlange für Events, eine sogenannte Event-Queue. Damit können die Events asynchron an die X-Clients gesendet werden, was bei langsamen Netzen von Vorteil ist. Nachteilig ist, dass X-Clients auf bestimmte Eingaben eventuell erst mit Verzögerung reagieren.

13.3 Xlib und Toolkits

X-Clients kommunizieren in der Regel mit dem X-Server über Funktionsaufrufe einer Programmbibliothek, die Xlib heißt. Das X-Protokoll beschreibt die Form der Datenübertragung. Beide Funktionen sind auf den drei unteren Ebenen des ISO/OSI-Modells angelegt. Globaler Transport kann über Ethernet mit TCP/IP erfolgen.
Xlib enthält unter anderem Routinen zum Zeichnen von Punkten, Linien, Rechtecken, Polygonen, Kreisen und anderen geometrischen Figuren, sowie Routinen zur Entgegennahme von Events, zur Anwendung mathematischer Operationen auf Figuren, zur Änderung der Farbe von Figuren und zur grafischen Darstellung von Text. Lokal bedeutet, dass Client und Server auf dem gleichen Rechner laufen, und global meint den vernetzten Betrieb. In der Abbildung 23 ist die Lage der Xlib und der Toolkits zwischen Netzwerk und X-Client dargestellt.

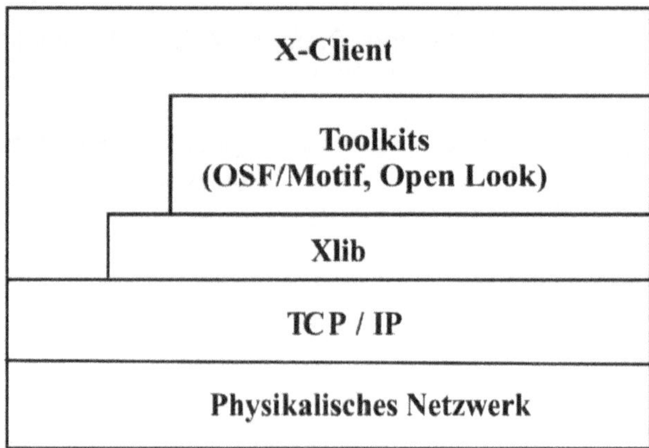

Abb. 23: Xlib und Toolkits

OSF/Motif ist eins der sogenannten Toolkits, die für das X-Window-System entwickelt worden sind. Als Toolkits werden Sammlungen vorgefertigter Programme aus Xlib-Routinen für spezielle (häufige) Aufgaben bezeichnet. Dazu gehören Tools für Menüs und Tools für die Verwaltung von grafischen Schalterknöpfen (mit Eindrückeffekt). In der nächsten Abbildung ist die Architektur von OSF/Motif dargestellt.

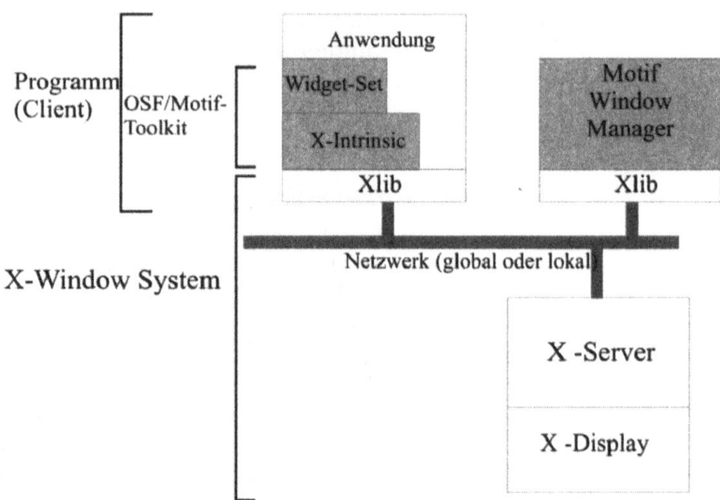

Abb. 24: Die Architektur von OSF/Motif

OSF/Motif und Open Look sind Beispiele für Toolkits, auf die jeweils ganz bestimmte Window-Manager abgestimmt sind. OSF/Motif beispielsweise besteht aus einer Sammlung speziell gestalteter Fenster mit speziellen Funktionen (man spricht von Widgets), dem Window-Manager mwm und einer Fenstergestaltungssprache mit der Bezeichnung UIL (User Interface Language).

X-Window stellt dem Programmierer zwar Routinen zur Erzeugung von grafischen Oberflächen zur Verfügung (z. B. Xlib), diese sind aber aufgrund ihrer Struktur nur sehr mühselig zu handhaben. Aus dem Grund sind die Toolkits entstanden, die im Gegensatz zu allen anderen Bausteinen des X-Window-Systems, nicht vom X-Konsortium festgelegt sind.

Motif ist ein herstellerspezifisches Produkt, das aber durch seine große Akzeptanz auf dem Markt zum Industriestandard geworden ist. Der Anbieter von Motif ist OSF (*Open Software Foundation*).

Derzeit ist die Release 2.2 vom (29.1.2002) für OSF/Motif aktuell. Daneben gibt es noch weitere Anbieter, von denen nur noch einer ähnliche Verbreitung erreicht hat: AT&T mit der Open Look Oberfläche. Für eine intensivere Einarbeitung sei auf Fountain/Ferguson [FOU2000] verwiesen.

Widgets

In erster Linie bestimmt Motif das Aussehen der grafischen Oberfläche. Es liefert die Widgets (Window Gadgets), das sind vorgefertigte Bibliotheken in der „C"- bzw. „C++"-Programmsprache, die der Programmierer dazu benutzt, seiner Anwendung ein entsprechendes „Motif-Aussehen" zu geben.

13.4 Der Motif-Window-Manager

Prinzipiell könnten X-Clients äußeres Aussehen, Größe und Lage ihrer Fenster selbst kontrollieren. Dann müsste der entsprechende Programmcode in jedem X-Client vorhanden sein, was viel Redundanz bedeuten würde. Die Alternative, den X-Server damit zu beauftragen, ist naheliegend. Dies allerdings würde den X-Server Code-mäßig vergrößern. Dies ist unerwünscht, weil X-Server möglichst auch auf kleinen Rechnern verfügbar sein sollen.
Als dritter Weg ist für die geschilderte Aufgabe ein spezieller X-Client geschaffen worden, der als Window-Manager bezeichnet wird. Er kann als spezielle Anwendung verstanden werden, die eine Benutzerschnittstelle hat, so dass Fenster im Dialog mit ihr verwaltet werden können.

Der Window-Manager ist, wie ein Anwendung, ein selbstständiges Programm, das auf dem Betriebssystem aufsetzt. Verschiedene Hersteller liefern also unterschiedliche Programme, die aber alle gemäß der X-Konvention (X-Protokoll etc.) erstellt werden. Dadurch ist es möglich, einen beliebigen X-Manager einzusetzen und auch auszutauschen.

Im Sinne der Übersichtlichkeit und der einfachen Benutzerführung ist es sinnvoll und auch üblich, die Produkte eines Herstellers zu verwenden. Im folgenden Fallbeispiel der SGI-Workstations werden alle Programmgruppen von OSF/Motif eingesetzt.

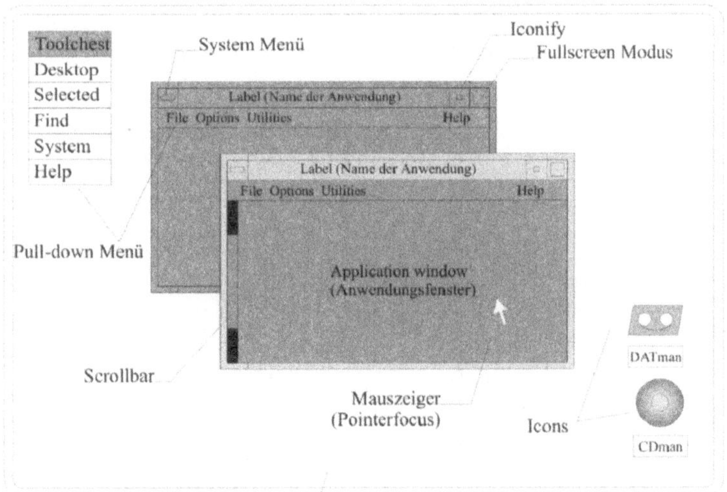

Abb. 25 Fallbeispiel eines Desktops (Unix-SGI-Workstation)

Die deutsche Übersetzung liefert den Begriff „Fensterverwalter" und das beschreibt auch schon treffend seine Funktion.

Er verwaltet also:

1.Die Position und die Größe der einzelnen Anwendungsfenster.

2.Die Icons, das sind Anwendungsfenster, die auf ihr Erkennungssymbol (Sinnbild) reduziert sind.

3.Alle Interaktionen des Mauszeigers, die ein Fenster betrifft.

zu 1. Die Position der Fenster ist nicht nur in der X-Y-Achse variabel, es gibt auch noch eine Z-Achse, die sich aus dem hierarchischen Fenstersystem ableiten lässt.

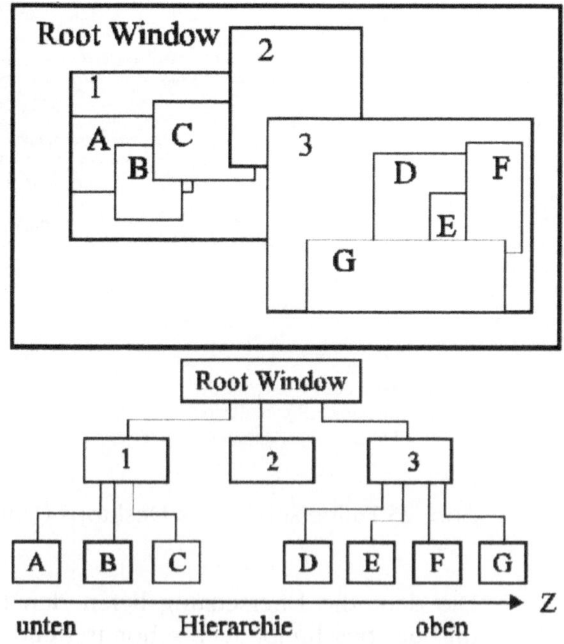

Abb. 26: Hierarchie Motif-Window-Manager

zu 3. Eine der wichtigen Interaktionen ist das Ereignis, dass sich der Mauszeiger innerhalb eines Fensters befindet (Mouse Entry Event). Dann veranlasst der Window-Manager, dass sich der Bereich des Fensters farblich verändert. Erst jetzt kann der Benutzer Eingaben für die betreffende Anwendung machen.

xterm

Auf die C-Programmierschnittstelle zu X kann hier nicht eingegangen werden. Allerdings sind Anwender und Anwendungsprogrammierer auch mehr an der Bedienung und Nutzung des Systems interessiert. Im folgenden soll eine elementare Art der X-Window-Nutzung kurz vorgestellt werden. Es gibt einige vorgefertigte, mehr oder weniger nützliche und mehr für Testzwecke geeignete X-Clients, die zum Lieferumfang des X-Window-Systems gehören. Beispiele sind xclock für eine Uhr, xcalc für einen Taschenrechner und xterm für eine Terminalemulation. xterm bildet in einem xterm-Fenster wahlweise einen zeichenorientierten oder einen grafikorientierten Bildschirm nach, so als wäre dieses Fenster der Bildschirm eines entsprechenden Terminals.

X-Startup-Script

In Abbildung 27 ist eine Situation dargestellt, bei der das Display und damit der X-Server zu einem UNIX-Rechner ws1 gehören. Da er multitaskingfähig ist, können neben dem X-Server auch X-Clients auf ws1 arbeiten. Weitere X-Clients für das Display von ws1 können auf ws2 vorhanden sein.

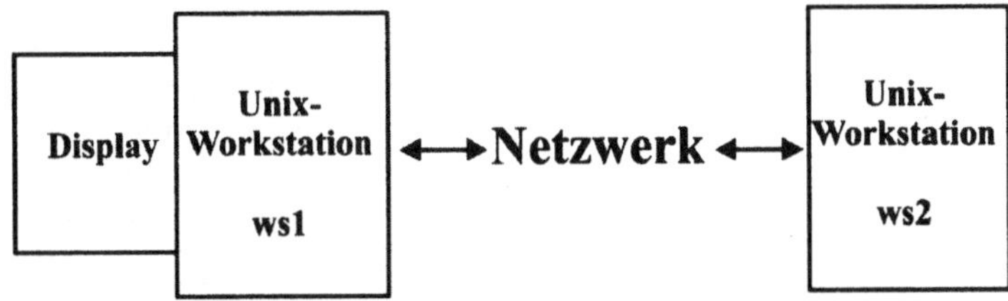

Abb. 27: Situation für ein Startup-Script

Auf ws1 könnte nach der Anmeldung beim Rechenbetrieb folgendes Shellscript gestartet werden, zu dem einige Bemerkungen erforderlich sind.

```
# X-Startup-Script xgo
#
X &            # Der X-Server

xterm -display ws1:0 &

xhost +

rsh ws2 xterm -display ws1:0 -geometry -0-0 &

wait
```

1. Es wird vorausgesetzt, dass auf ws1 und ws2 die Pfadvariable PATH so gesetzt ist, dass alle Programme gefunden werden. Auch muss für das Beispiel der rsh-Dienst (vgl. Abschnitt 12.2) verfügbar sein (es gibt auch andere Lösungen).

2. Man betrachte die Hintergrundoperatoren bei X, *xterm* und *rsh* (mit einem fernen *xterm*). Sie bewirken die Parallelität der entsprechenden Prozesse. Der Start des X-Servers (sein Name ist ein großgeschriebenes X) im Dialog mit der Shell würde sofort die Bearbeitung weiterer Eingaben vom Display aus unmöglich machen. Alle diese Eingaben würden zum jetzt arbeitenden X-Server gelangen, der jedoch keine X-Clients hätte, denen er sie zur Bearbeitung senden könnte.

3. Das erste *xterm* wird lokal (auf *ws1*) gestartet. Das zugehörige Fenster wird an einer voreingestellten Stelle des Bildschirms erzeugt. Die Option *-display* ist notwendig, damit *xterm* weiß, mit welchem X-Server (mit welchem Display) auf welchem Rechner es kommunizieren soll. Der Optionswert *ws1:0* sagt aus, dass der Rechner ws1 mit dem X-Server (dem Display) Nummer *0* gemeint ist.

4. X verwendet eine eigene, sehr einfache Zugriffskontrolle. Der Benutzer gibt dem X-Server eine Liste von Rechnernamen (Internet-Adressen) an und sagt damit, dass von diesen Rechnern aus X-Clients den X-Server benutzen dürfen. Der Befehl, mit dem diese Liste dem X-Server übergeben wird, heißt *xhost.* Der Befehl kennt ei-

ne Kurzparametrisierung: Ein + bedeutet, dass von allen Rechnern aus der Zugriff gestattet sein soll.

5. Das zweite *xterm* wird auf dem fernen Rechner *ws2* gestartet. Es kommuniziert mit dem X-Server Nummer *0* auf dem Rechner *ws1*. Damit sich die beiden *xterm*-Fenster nicht verdecken, wird das zweite mit der sogenannten Geometrie-Option -geometry in die rechte untere Ecke *(-0-0)* des Bildschirms plaziert (in der Hoffnung, dass dies nicht gerade die Voreinstellung ist).

6. Mit dem abschließenden *wait*-Kommando wird erreicht, dass der Prozess, der das Startup-Script abarbeitet, als Kindprozess der Shell solange aktiv bleibt, bis seine eigenen Kindprozesse alle beendet sind. Mit ihm sind die X-Prozesse *(X, xterm, xterm)* zentral verwaltbar.

7. Es ist kein Window-Manager gestartet worden. Das hat zur Folge, dass die Fenster nicht mit Funktionstasten (Funktionsfenstern) dekoriert sind und nicht verschoben oder in der Größe verändert werden können.

Nach dem Aufruf des Startup-Scripts sind auf dem Bildschirm des Displays am Rechner *ws1*, etwa so, wie in Abbildung 28 etwas stilisiert dargestellt wird, zwei nicht dekorierte *xterm*-Fenster sichtbar. In beiden Fenstern wird der Bildschirm eines ASCII-Terminals nachgebildet. In beiden Fenstern können UNIX-Shell-Kommandos eingegeben werden. Allerdings beziehen sie sich auf jeweils einen anderen Rechner, wie das Beispiel mit dem, aus dem Abschnitt 6.1 bereits bekannten Shell-Kommando *uname* zeigen soll. Das Kommando *uname* gibt mit der Option *-n* den Rechnernamen des Rechners aus, auf dem es gestartet wird.

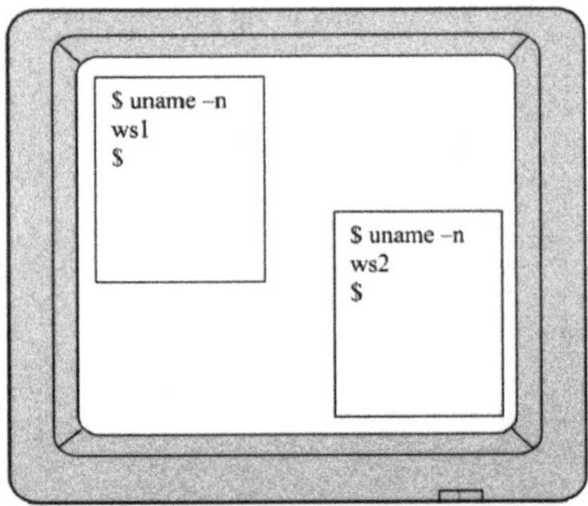

Abb. 28: Bildschirm mit zwei xterm-Fenstern

Übungen

Verständnisfragen

13.1 Welcher der Partner im Client-Server-Modell ist passiv, welcher aktiv?

13.2 Auf welchen Rechnern befinden sich Anwender und Server beim X-Window-System, auf welchen beim FTP?

14 Systemverwaltung

14.1 Superuser

Systemverwalter

Systemverwaltung ist normalerweise keine Aufgabe eines Anwenders oder Anwendungsprogrammierers. Im Rahmen der hier angestrebten Einführung in UNIX werden deshalb nur kurze beispielhafte Erklärungen gegeben, die einzig und allein dem Zweck dienen, Verständnis für die nicht immer leichten Arbeiten der Systemverwaltung zu wecken. Einleitend ist festzustellen, dass es bei der Systemverwaltung und -pflege große Unterschiede von Hersteller zu Hersteller gibt. Jedoch sind die grundlegenden Abläufe identisch. Beispielsweise benötigt jedes UNIX-System einen Systemverwalter, der in der UNIX-Sprechweise als Superuser bezeichnet wird. Wie jeder andere Benutzer ist auch er in der Passwortdatei */etc/passwd* eingetragen. Sein Benutzername ist root, sein Heimat-Dateiverzeichnis ist die Wurzel (Root) des Dateisystems. Seine Benutzerkennzahl (User-Id, UID) ist Null. Für ihn gelten keine Zugriffsrechte. Greift ein Prozess, der root gehört, auf eine Datei zu, werden keine Zugriffsrechte geprüft. Ein Arbeiten als Superuser ist deshalb kritisch, weil sehr schnell, zum Beispiel durch Schreibfehler, unbeabsichtigte Änderungen am Dateisystem stattfinden können. Um eine optische Hilfestellung zu geben, wird der Superuser mit einem besonderen Promptzeichen zur Kommandoeingabe aufgefordert. Es handelt sich um eine Raute, der ein Leerzeichen folgt.

#

Promptzeichen für den Superuser

---> #

Wegen der vielen Möglichkeiten, die einem Superuser zur Verfügung stehen, sollte nur in Fällen, in denen es sich nicht umgehen lässt, eine Anmeldung als root erfolgen. Viele Verwaltungsaufgaben benötigen Zugriffe auf Dateien in Dateiverzeichnissen direkt unter dem Wurzelverzeichnis. Man denke an Zugriffe im Rahmen der Benutzerpflege im Verzeichnis */usr*. Dafür werden Zugriffsrechte benötigt, die normale Benutzer nicht haben, für die jedoch Superuser-Privilegien übertrieben sind. Es gibt UNIX-Systeme, die dafür noch eine besondere Verwaltungskennung, oft hat sie den Benutzernamen *admin*, eingerichtet haben.

Aufgaben der Systemverwaltung

Der Superuser hat die Aufgabe, das Computersystem zu pflegen und zu verwalten. Dies umfasst eine Vielzahl von Vorgängen, die in ihrer konkreten Durchführung systemabhängig sind. Hier können lediglich einige überall zu findende Tätigkeiten aufgelistet werden. Eine Vertiefung findet sich bei Gulbins [GUL95] sowie unter Frisch [FRI2000].

1. Systemgenerierung

   Nach der Anlieferung und einem Hardware-Test ist ein erstes System zu generieren. Hier werden der Betriebssystemkern erzeugt und die Gerätetreiber für die vorhandenen Geräte (Terminals, Magnetplatten, Drucker usw.) eingebunden. Danach werden weitere Softwareprodukte sowie Systemanpassungen, wie beispielsweise das Eintragen erster Benutzerkennungen, durchgeführt. Bei vielen Herstellern stehen heute oft menügeführte Installationshilfen zur Verfügung. Eine Installationshilfe sei hier gezeigt. Diese X-Window-basierte Hilfe nennt sich License Manager und verwaltet die Lizenzen der einzelnen Softwareprodukte.

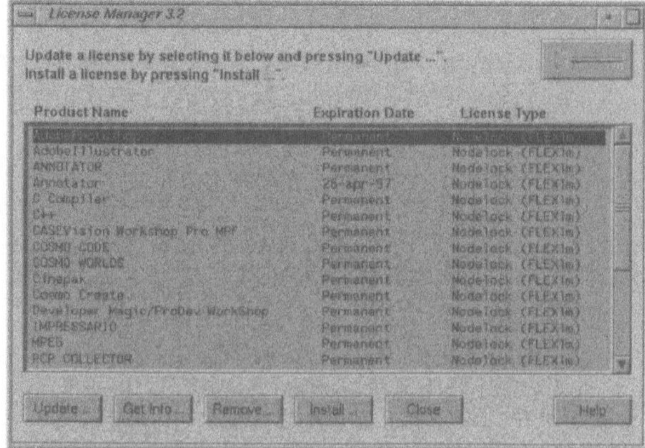

Abb.29: Licensemanager unter SGI-IRIX

2. Systeminitialisierungen

   Von Zeit zu Zeit, insbesondere nach Änderungen des Geräteparks, sind erneut Systeminitialisierungen mit Geräteanpassungen vorzunehmen.

3. Buchführung (Accounting)

   Bei kommerziell eingesetzten UNIX-Systemen ist das Führen von Informations- und Abrechnungsdateien (Log-Bücher) Pflicht.

4. Benutzerverwaltung

   Zur Benutzerverwaltung gehören Aufgaben wie das Eintragen neuer und das Austragen nicht mehr relevanter Benutzerkennungen. Man unterschätze nicht die Gefahren, die bei einem kommerziellen Einsatz von UNIX-Rechnern durch nicht gelöschte Benutzerkennungen entstehen können. Zur Pflege der Benutzerkennungen gehört auch das ständige Prüfen, ob es Benutzer gibt, die kein Passwort gesetzt haben, was bei einigen UNIX-Anlagen möglich ist.

5. Dateiverwaltung

   Aufgaben der Dateiverwaltung sind das Prüfen von Systemdateien, beispielsweise das Festlegen geeigneter Zugriffsrechte, und die Überwachung des Dateisystems in Größe und Konsistenz. Hilfsprogramme dafür sind zum Beispiel die Shell-Kommandos *du* zur Ermittlung des belegten und *df* zur Ermittlung des freien Plattenplatzes. Physikalische Dateisysteme müssen eingebunden (*mount*) bzw. für bestimmte Anwendungen entfernt (*unmount*) werden. Die Datensicherung, die meist mit Magnetbandkassetten (DLT) durchgeführt wird, ist eine weitere große Teilaufgabe im Rahmen der Dateiverwaltung.

6. Netzwerkverwaltung

   Heute ist die Netzwerkverwaltung ebenfalls als Aufgabe der Systemverwaltung hinzugekommen. Dazu gehört das entsprechende Konfigurieren der Rechner, die am Netzbetrieb teilnehmen sollen, das Verfügbarmachen der Netzsoftware, das Starten der entsprechenden Server und die Pflege der zugehörigen Netzwerkverwaltungsdateien. Dies wird heute überwiegend ebenfalls über menügeführte Installations-Hilfen vorgenommen.

14.2 Bootstrap

Single-User- und Multi-User-Betrieb

Nach dem Einschalten des Rechners ist das Betriebssystem, wenigstens in seinen wichtigsten Teilen, in den Hauptspeicher zu laden und zu starten. Ein ROM-Speicher (Read Only Memory), der seinen Inhalt beim Abschalten der Stromversorgung nicht verliert, enthält ein kleines Ladeprogramm.
Es ist in der Lage, den ersten Block eines fest vorgegebenen Datenträgers in den Hauptspeicher zu laden und zu starten. Dieser erste Block enthält ein schon etwas größeres Programm, das das gesamte System nachzieht. Dieser Vorgang wird als Urladen oder als Bootstrap bezeichnet. Das UNIX-Betriebssystem befindet sich in einer Datei namens unix oder vmunix (bei den BSD-Versionen) und befindet sich im Wurzelverzeichnis des Dateisystems. Manchmal ist der Name nicht festgelegt, sondern wird von der Bootstrap-Prozedur erfragt.
Manche UNIX-Systeme gehen nach dem Urladen sofort in einen Multi-User-Betrieb über. Jetzt kann der Superuser, allerdings nur von der Systemkonsole aus, den Rechenbetrieb aufnehmen und Systemkonfigurierungen vornehmen. Die Systemkonsole ist ein ausgezeichnetes Terminal, das aus Sicherheitserwägungen eingerichtet worden ist. Dennoch ist der sofortige Übergang in den Multi-User-Betrieb nicht ungefährlich und erfordert vom Superuser besondere Aufmerksamkeit. Er muss beispielsweise sicherstellen, dass, während er die Passwortdatei */etc/passwd* überarbeitet, kein anderer Benutzer versucht, sich anzumelden oder dies bereits getan hat. Konkurrierende Zugriffe auf bestimmte Systemdateien können zu Inkonsistenzen führen und unerwünschte Auswirkungen haben. Deshalb starten viele UNIX-Systeme in einem Single-User-Betrieb. Jetzt kann der Superuser im sicheren Wissen, nicht durch andere Teilnehmer gestört zu werden, wiederum nur von der Systemkonsole aus, das System konfigurieren. In der Regel macht er Dateisysteme verfügbar *(/etc/mount)* und prüft sie auf Konsistenz *(/etc/fsck)*.

/etc/rcn.d (n=0,1,2,3)

Erst danach geht das System in den Multi-User-Betrieb über. Dabei werden die Shell-Scripts /etc/rcn.d abgearbeitet (n ist als Index zu lesen, der von 0 bis 3 reicht). Der Systemverwalter kann die Scripts /etc/rcn.d modifizieren. Dort werden weitere Dateisysteme eingebunden *(/etc/mount)*, temporäre Dateien gelöscht (z.B. in */tmp*), Server gestartet (z.B. */etc/cron*) und zeitlich fixierte Aufträge erteilt (*/usr/lib/crontab*).

/etc/getty und /etc/login

Für jedes konfigurierte (in einer Verwaltungsdatei beschriebene) Terminal wird das Programm /etc/getty gestartet. Damit gibt es zu jedem Terminal einen Prozess, der (blockiert, schlafend) darauf wartet, dass an diesem Terminal versucht wird (durch Drücken einer Taste) den Rechenbetrieb aufzunehmen.
Ist das der Fall, startet */etc/getty* das Programm */etc/login*, das die Anmelde-Prozedur (Benutzername- und Passwortabfrage) mit dem Anmeldewilligen durchführt. Dabei wird zum Passwortvergleich auf die Datei */etc/passwd* zugegriffen und im Erfolgsfall für den Benutzer eine Shell (z.B. */bin/sh*) gestartet.
Der „getty" wird im UNIX SystemV nicht immer verwendet. Stattdessen gibt es dann Portmonitore, von denen es zwei Typen gibt: ttymon, ttylisten. Die Namen der jeweiligen Portmonitore sind auch gleichzeitig die Portmonitor-Programme.

/etc/profile

Bevor einem Benutzer die Eingabe von Kommandos gestattet wird, wird eine für alle Teilnehmer gültige Kommandoprozedur namens */etc/profile* abgearbeitet. Sie enthält zum Beispiel Belegungen und Exportierungen von Variablen, die für alle Teilnehmer gelten. So wird in der Regel die PATH-Variable hier auf ihren Anfangswert *:/bin:/usr/bin* gesetzt und exportiert. Eventuell wird eine Systemmeldung, Message of the Day genannt, ausgegeben, die zum Beispiel temporäre Einschränkungen des Rechenbetriebs durch Wartungsarbeiten bekannt gibt. Nach der Abarbeitung der für alle Teilnehmer gültigen Kommandoprozedur */etc/profile* wird geprüft, ob es im Heimat-Verzeichnis des Benutzers, der sich gerade anmeldet, eine Startup-Datei gibt. Ihr Name hängt von der benutzten Shell ab. Bei der Bourne-Shell heißt sie **.profile**. Gibt es eine solche Datei, wird sie abgearbeitet, dann erst ist der Anmeldevorgang abgeschlossen.

14.3 Zeitlich verschobene Aufträge

at-Kommando

Mit den Shell-Kommandos *at* und *crontab* können vorbereitete Aufträge zu einem vorgegebenen Zeitpunkt bzw. zyklisch wiederkehrend gestartet werden, ohne dass zur entsprechenden Zeit der Benutzer angemeldet sein muss. *crontab* wird für regelmäßig wiederkehrende Arbeiten verwendet, *at* startet Kommandos unabhängig von der laufenden Terminalsitzung zu einem späteren Zeitpunkt.

at

Aufträge mit at zu einem späteren Zeitpunkt starten

```
--->  $ at 2200       # Um 22.00 Uhr (Schreibweise!) die
      Cmd-1           # folgenden Kommandos starten
      Cmd-2
      ...
      <ctrl>d         # Ende der Kommando-Eingabe
```

Bei den angegebenen Kommandos kann es sich auch um Kommandoprozeduren handeln. Diese können, zum Beispiel als letzten Befehl, ein (oder auch mehr als ein) *at*-Kommando enthalten.

crontab-Kommando

Auf jedem UNIX-System gibt es einen *cron*-Prozess *(/etc/cron)*, der in regelmäßigen Abständen (jede Minute) das Dateiverzeichnis */usr/spool/cron/crontabs* prüft. Dort kann für jeden Benutzer höchstens eine sogenannte *crontab*-Datei vorhanden sein. In dieser wiederum können Kommandoprozeduren zusammen mit Zeitangaben stehen. Liegt eine Zeitangabe im letzten *cron*-Zeitintervall, dann startet *cron* die zugehörige Kommandoprozedur.

Eine *crontab*-Datei ist zeilenweise und pro Zeile aus Feldern aufgebaut, die durch Leerzeichen voneinander getrennt sind. Von links nach rechts gelesen haben die Felder jeder Zeile folgende Bedeutung: Minute, Stunde, Tag, Monat, Wochentag und auszuführende Kommandoprozedur. Auf diesem letzten Feld dürfen keine Kommandos, die in Maschinensprache vorliegen, angegeben werden, sondern ausschließlich Kommandoprozeduren.

Ein Sternchen auf einem der vorangehenden Felder steht für jede zu dem Feldwert gehörende Einheit. Im Beispiel steht ein Sternchen auf dem zweiten Feld für jede Stunde. Sonst können Feldwerte einzelne Zahlen oder durch Kommata getrennte Zahlenfolgen mit zum Feldwert passenden Einheiten sein. Zum Beispiel steht die Zahlenfolge 0,20,40 auf dem ersten Feld für die Angabe *Alle zwanzig Minuten.*

Das folgende Beispiel verdeutlicht den Aufbau der *crontab*-Datei.

```
0,20,40  *  *  *  *          /usr/lib/atrun
0        3  *  *  2,3,4,5,6  /usr/schaffrath/save
```

Die beiden Zeilen formulieren folgende Aufträge:

> Führe alle zwanzig Minuten, in jeder Stunde, an jedem Tag, in jedem Monat und an jedem Wochentag die Kommandoprozedur */usr/lib/atrun* durch.
>
> Führe um drei Uhr morgens (zur nullten Minute der dritten Stunde), an jedem Tag, in jedem Monat, aber nur an den Wochentagen Dienstag bis Samstag (1 ist Montag) die Kommandoprozedur /usr/schaffrath/save durch.

Es ist notwendig, die Kommandoprozeduren mit absoluten Pfadnamen anzugeben, da durch den Aufruf mit *cron* keine Systemumgebung geschaffen und insbesondere keine der Dateien */etc/profile* oder *.profile* gestartet wird. Um das *crontab*-Verfahren zu benutzen, legt der Anwender eine Textdatei mit dem oben angegebenen Aufbau an und übergibt sie dem *crontab*-Mechanismus mit einem *crontab*-Kommandoaufruf.

crontab

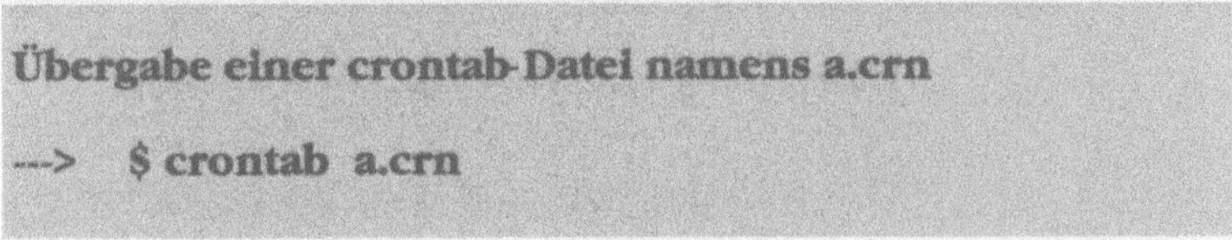
Übergabe einer crontab-Datei namens a.crn

---> $ crontab a.crn

Mit der Option -l kann der Inhalt einer bereits übergebenen *crontab*-Datei aufgelistet und mit der Option -r kann die Datei zurückgezogen werden.

crontab-Datei auflisten bzw. zurückziehen

---> $ crontab -l # Auflisten

---> $ crontab -r # Zurückziehen

Die Benutzung der *at-* und *crontab*-Kommandos bedarf einer besonderen Berechtigung durch den Systemverwalter. Dazu werden die Dateien */usr/lib/cron/at.allow* und *usr/lib/cron/cron.allow* verwendet, in die die Benutzernamen der Berechtigten aufzunehmen sind.

14.4 Gefährdung des Rechenbetriebs

Ein ganz wesentlicher Teil der Systemverwaltung ist der Aufgabe gewidmet, beabsichtigte oder unbeabsichtigte Störungen und Beeinträchtigungen des Rechenbetriebs zu erkennen, sie zu beseitigen und ihnen entgegenzuwirken. Es ist bei kommerziell eingesetzten UNIX-Anlagen unerlässlich, dass der Systemverwalter an entsprechenden, oft von Herstellern, aber auch von unabhängigen Schulungszentren angebotenen Lehrgängen teilnimmt. Der vorliegende Abschnitt soll die Problemstellung nur andeuten und durch einige Beispiele zeigen, wie mit wenigen Mitteln eine Betriebsstörung erreicht werden kann, deren Beseitigung in keinem Verhältnis zur Ursache steht. Es wäre wünschenswert, in die Informatikausbildung Grundzüge einer bestimmten Arbeitshaltung beim rechnerbezogenen Umgang miteinander aufzunehmen, und stellenweise wird dies auch getan. Der Übergang vom spielerischen Experimentieren zu kriminellen und unter Strafe stehenden Handlungen ist fließend. Die folgenden Beispiele sollen lediglich das Bewusstsein für die Existenz von Gefahren für den Rechenbetrieb schärfen. Keineswegs sind sie zur Nachahmung empfohlen.

Gefährdung über die Prozessverwaltung

Die folgende kurze Kommandoprozedur (kürzer geht es nicht mehr) führt durch den in ihr enthaltenen rekursiven Aufruf zu einer Überfüllung der Prozesstabelle. So viele Prozesse, wie hier entstehen, können nicht verwaltet werden.

```
# Eine Kommandoprozedur a
a&
```

Bei vielen UNIX-Systemen ist die Prozessverwaltung partitioniert und gestattet jedem Benutzer nur eine bestimmte Maximalzahl von Prozessen. Dann führt die obige Kommandoprozedur lediglich zu einer benutzerbezogenen Beeinträchtigung des Rechenbetriebs. Die anderen Benutzer bleiben verschont, außer dass ihnen Rechenzeit entzogen wird.

Gefährdung über das Dateisystem

Ein anderer Weg, den Rechenbetrieb zu stören, besteht darin, eine Eigenschaft vieler UNIX-Systeme auszunutzen, die darin besteht, dass dem Anlegen von Dateien nur durch die Größe des Datenträgers Einhalt geboten wird. Die folgende, ebenfalls sehr einfache Kommandoprozedur geht diesen Weg.

```
# Eine Kommandoprozedur a
while :                      # Loop forever
      do    mkdir b
            cd  b
      done
```

Sie legt eine endlos lange Kette leerer, ineinandergeschachtelter Dateiverzeichnisse an. Es ist nicht ganz einfach, eine solche tausende von Verzeichnissen umfassende Kette zu löschen. Man beachte, dass das *rmdir*-Kommando der Shell nur nichtleere Verzeichnisse löscht. Es gibt heute auf UNIX-Systemen ein *rm*-Kommando, das eine Option -r kennt und in der Lage ist, Verzeichnisse rekursiv zu löschen. Eigene Versuche damit haben gezeigt, dass die Rekursionstiefe nicht sehr weit reicht. Das Löschen von sehr großen Verzeichnisketten wird nicht bewältigt. Die Kette bleibt erhalten. Es ist naheliegend, das Problem mit einer selbst erstellten Prozedur anzugehen, die das Ende der Kette sucht und sich von dort aus löschend nach oben hangelt. Auch das ist nicht ganz einfach, da es Modifikationen der oben angegebenen Kommandoprozedur gibt, die mit einem Zähler arbeiten und nach einer bestimmten Zahl von Schritten den Namen des Verzeichnisses ändern. Man sollte beachten, dass das Kommando rm –r *.* bei den meisten UNIX-Versionen die ganzen Festplatten löscht, wenn es durch den Superuser ausgeführt wird.

Trojanisches Pferd: Passwörter fischen

Trojanische Pferde sind Objekte, in der Regel Programme, die etwas vorgaukeln, was sie gar nicht sind, und ihrem arglosen Benutzer Schaden zufügen (können). Das erste trojanische Pferd, das hier vorgestellt werden soll, ist als *Passwörter fischen* bekannt. Bei dieser Methode startet ein Benutzer ein Programm, das das Erscheinungsbild eines leeren Bildschirms nachahmt, und verlässt dann das Terminal. Der nächste Benutzer, der dort Platz nimmt, findet ein anscheinend freies Terminal vor. Er drückt irgendeine Taste, um anzuzeigen, dass er sich anmelden möchte. Aber jetzt reagiert nicht das UNIX-Betriebssystem, sondern das noch laufende Programm des Vorgängers. Dieses fragt ihn, unter Nachbildung des originalen Dialogverlaufs, nach seinem Benutzernamen und dem Passwort, speichert beide, gibt die Meldung *Unknown Password - Try again* aus und beendet sich dann. Der Benutzer vermutet, dass er sich beim Eingeben des Passworts, was er optisch ja nicht verfolgen kann, vertippt hat. Er wiederholt den Anmeldeversuch; diesmal mit dem System. Es ist empfehlenswert, bei fehlgeschlagenen Login-Versuchen keine Schreibfehler zu vermuten, sondern unverzüglich das Passwort zu wechseln.

Trojanisches Pferd: root-Passwort fischen

Auch das zweite, hier behandelte trojanische Pferd fischt nach Passwörtern, allerdings nur nach einem einzigen, dem des Superusers. Es nutzt die folgende sehr häufige Situation aus, bei der ein Systemverwalter Dateiverzeichnisse anderer Benutzer inspiziert. Um nicht versehentlich Schaden anzurichten, arbeitet er nicht mit der root-Kennung. Gerade hat er sich mit dem *cd*-Kommando in ein Verzeichnis eines anderen Benutzers begeben und festgestellt, dass er eine Handlung vornehmen muss, die Superuserprivilegien benötigt. Er entschließt sich, mit root-Kennung weiterzuarbeiten und startet das *su*-Kommando. Dieses bisher noch nicht vorgestellte Kommando ersetzt die aktuelle Kennung durch die root-Kennung, wenn man das root-Passwort kennt.

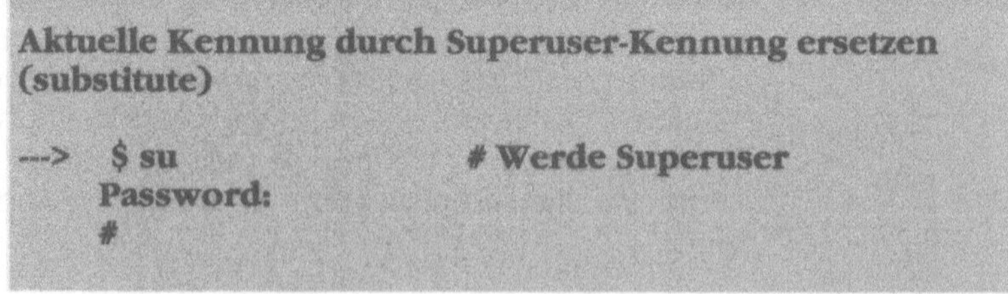
Aktuelle Kennung durch Superuser-Kennung ersetzen (substitute)

```
---> $ su                    # Werde Superuser
     Password:
     #
```

Als trojanisches Pferd dient das *su*-Kommando. Denn angenommen, im aktuellen Verzeichnis befinde sich eine von dem Benutzer erstellte Kommandoprozedur, die auch *su* heißt und das Verhalten des richtigen */bin/su* nachbildet. Wenn jetzt die PATH-Variable des Superusers so gesetzt ist, dass das aktuelle Verzeichnis als erstes nach dem Kommando *su* durchsucht wird, dann führt der Superuser die *su*-Kommandoprozedur des Benutzers und nicht das *su*-Kommando durch. Wieder wird, wie oben bei der Login-Nachbildung, ein Passwort angefordert und gespeichert und die Kommandoprozedur mit einer Meldung, die einen Eingabefehler vortäuscht, beendet. Folgende Regeln für den Superuser sollten eingehalten werden:

1. Niemals in fremden Dateiverzeichnissen *su* aufrufen!

2. Die PATH-Variable nicht mit einem Doppelpunkt beginnen lassen, damit das aktuelle Verzeichnis nicht zuerst durchsucht wird.

3. Immer absolute Pfadnamen benutzen! (Auch wenn es etwas umständlich ist.)

Gefahr durch das s-Bit

Der s-Bit-Mechanismus ist ein häufiges Ziel von Angriffen. Wenn es einem Benutzer gelingt, ein eigenes Programm mit Hilfe des Set-User-Id-Bits (vgl. Abschnitt 11.3) des Superusers zu starten, dann arbeitet dieses Programm mit dessen Zugriffsrechten. Von dieser Tatsache stammt die Regel: Einmal Superuser - immer Superuser! Um dies zu verdeutlichen, soll angenommen werden, es sei einem Benutzer gelungen, wie auch immer, Superuser zu werden. Dann schreibt er, und das geht sehr schnell, folgendes kleine C-Programm.

```
main() {
        system("/bin/sh");
        }
```

Er übersetzt es, löscht die Quelldatei (das ist die, auf der das C-Programm steht) und gibt der Objektdatei (das ist die mit dem übersetzten Programm) einen unverfänglichen Namen, zum Beispiel nennt er sie *prim*. Als illegal gewordener Superuser setzt er auf dieser Datei das Set-User-Id-Bit und bringt sie nach */bin* oder nach */usr/bin*. Dann kann er den Rechenbetrieb beenden. Jeder Aufruf von *prim* startet für ihn eine mit Superuser-Rechten laufende Shell, auch wenn der Superuser inzwischen sein Passwort geändert hat. Es ist für den Systemverwalter ratsam, seine s-Bit-Dateien in Anzahl und Inhalt, den Inhalt vielleicht mit einer Prüfsumme, ständig zu überwachen.

Computer-Viren

Computer-Viren gehören zu den unangenehmsten Begleitern der Systemverwaltung. Man versteht darunter Programme, die sich in andere Programme, meist an ihren Anfang, einschleusen. Wird dieses Programm dann gestartet, so wird zuerst das eingeschleuste durchgeführt, dann (vielleicht) das ursprüngliche. Die Erstellung von Computer-Viren bedarf nicht unbedingt besonderer Kenntnisse bei der Programmierung. Bereits auf der Ebene der Shell-Scripts sind Programme erstellbar, die Virus-Charakter haben. Man beachte, dass zur Fortpflanzung von Computer-Viren ein wie auch immer geartetes Schreibrecht vorhanden sein muss. Das ist auch eine der Stellen, bei denen ihre Bekämpfung einsetzen kann. Das Thema ist zu umfangreich, um hier sinnvoll ausführlicher behandelt zu werden. Vertiefungen finden sich beispielsweise in dem Buch von Ferbrache [FER91].
Viren haben in der heutigen Zeit geringere Chancen, da PD-Programme im Quellcode vorliegen.

Übungen

Verständnisfragen

14.1 Nennen Sie drei Aufgaben der Systemverwaltung.

14.2 Warum ist es günstig, wenn das Betriebssystem beim sogenannten Hochfahren zuerst mit einem Single-User-Betrieb beginnt?

14.3 Formulieren Sie eine Zeile einer crontab-Datei für den Auftrag: Das ganze Jahr über, aber nur Montags, dann aber jede halbe Stunde?

Hinweise auf den interaktiven Lehrgang auf CD-ROM

Zu dem Kapitel Kommandoprozeduren mit Eingaben empfiehlt es sich, folgende Lektion auf der CD-ROM zu bearbeiten:

- Sonstiges

- Systemadministrator

Lösungen zu den Übungsaufgaben

1.1 Ein Offenes System erlaubt das Mischen und Verwalten unterschiedlicher Hard- und Software-Plattformen.

1.2 Eine Shell ist ein Kommandointerpreter. Der Benutzer nimmt die Dienstleistungen von UNIX in der Regel mit Hilfe von Shell-Kommandos in Anspruch.

1.3 Zugriffe auf Dateien sind privilegierte Operationen und können nur erfolgen, wenn das Betriebssystem im Systemmodus arbeitet. In diesen Modus gelangt es durch einen Systemaufruf.

1.4 Der UNIX-Kern besteht aus der Prozessverwaltung und dem Dateisystem. Der Systemaufruf *exit()* gehört zur Prozessverwaltung, *write()* zum Dateisystem.

2.1 Benutzernamen müssen erfragt, zum Teil können sie mit *who* ermittelt werden.

2.2 a) Nachrichten mit *mail* werden weiter empfangen, solche mit *write* nicht mehr.

b) Der *vi* hat jetzt vorangestellte Zeilennummern.

c) Die Befehle in der Datei *.profile* werden bei der Anmeldung beim System automatisch ausgeführt. *.profile* ist eine Startup-Datei.

2.3 a)

sort telefon.dat	Vorwärts
sort *-r* telefon.dat	Rückwärts
sort *-t:* +1 telefon.dat	Nach Tel. vorwärts
sort *-t:* -r +1 telefon.dat	Nach Tel. rückwärts

b) Beispiele:

grep *'M'* telefon.dat => Zeilen 1 und 2
grep *'[KS]'* telefon.dat => Zeilen 3 und 4
grep *'39'* telefon.dat => Zeilen 1 und 3

2.4 a) Die Datei *.profile* wird durch *ls* und *ls -l* nicht angezeigt.

b) Gelöscht wird mit dem *rm*-Kommando.

2.5 Wenn eine Shell das eingegebene Kommando nicht identifizieren kann, gibt sie seinen Namen und eine entsprechende Meldung aus.

2.6 Editoren wie *ed* sind Werkzeuge, die nicht nur im Dialog, sondern insbesondere in Programmen oder Kommandoprozeduren (vgl. Kapitel 5) benutzt werden um Dateien zu bearbeiten.

2.7 Das *echo*-Kommando realisiert die Ausgabeanweisung in Kommandoprozeduren (vgl. Kapitel 5), kann zum Testen bestimmter Shell-Eigenschaften dienen und gibt bei einer Parametrisierung mit einer Oktalzahl das dazu gehörende ASCII-Zeichen aus.

2.8 grep ' colo[u]*r' Dateiname

2.9 sort -r +1 -2 Dateiname

3.1 Die Verzeichnisse können mit den folgenden Kommandos lokalisiert werden:
find / -name who -print
find / -name sort -print

3.2 Nach dem Kommando grep ' Benutzername' */etc/passwd* enthält das dritte Feld (: ist Feldtrenner) die UID.

3.3 Sie müssten unter anderem */usr, /bin, /etc* und */dev* vorfinden.

3.4 Die Feststellung der Dateiart wird dadurch erleichtert, dass das *ls*-Kommando mit einem Dateinamen (Pfadnamen) parametrisiert werden kann und sich dann nur auf diese Datei bezieht. Das Kommando *ls –l /dev/tty* zeigt die Dateiart auf der ersten Ausgabeposition an.

3.5 Bis auf *a/b* sind alle Bezeichnungen gültige Dateinamen.

3.6 Das angegebene cd-Kommando führt von */usr/meier* über */usr, /usr/bin, /usr* und */* nach */bin.* Das Kommando *pwd* liefert */bin* als aktuelles Verzeichnis.

3.7 Nein, der Besitzer hat kein Leserecht - auch nicht über die Gruppe, denn dazu gehört er bei UNIX nicht.

4.1 *find / -name sh -print 2>/dev/null*
Analog mit csh und ksh.

4.2 *date | tr ':' ' '*

4.3 UNIX kennt Gewöhnliche Dateien, Dateiverzeichnisse, Gerätedateien (block- oder zeichenorientierte), FIFO-Dateien und Symbolische Links.

4.4 Mit *rm *.** werden lediglich die Dateien *ab.* und *a.b* angesprochen.
Der Dateiname *ab* enthält keinen Punkt, und der führende Punkt von *.ab* führt nicht zu einem Treffer.

4.5 *rm .* **

4.6 Zuerst wird *ls.out* angelegt, dann *ls* gestartet. Wenn *ls* arbeitet, ist das Verzeichnis nicht mehr leer. In *ls.out* steht *ls.out.*

4.7 Mit diesem Kommando könnte beabsichtigt sein, alle Dateien des aktuellen Verzeichnisses, die mit *.cc* enden, so um zu benennen, dass sie dann mit *.c* enden. Das gelingt nicht, weil die Shell zuerst die Dateinamen (anhand des aktuellen Verzeichnisses) expandiert und dann erst *mv* startet.

5.1 Ein Lösungsbeispiel:

```
# Shell-Script info                    schaffrath
#                             09/02
# Aufruf: --->$ info

echo "*****     S Y S T E M I N F O     *****"
echo
#
# Datum wie: Tue Sep 24 14:05:54 MET 2002
#
date > hilf.dat
read wtag monat mtag zeit zone jahr < hilf.dat
echo "Heute ist $wtag, der $mtag. $monat $jahr."
echo
#
# Aktuelles Verzeichnis wie: /usr/schaffrath
#
pwd > hilf.dat
read verz < hilf.dat
echo "Mein aktuelles Verzeichnis ist $verz."
echo
#
# Benutzername und Terminal wie: schaffrath tty03 Sep 24 08:02
#
who am i > hilf.dat
read name term rest < hilf.dat
echo "Angemeldet bin ich als $name am Terminal $term."
echo
#
# Benutzerzahlen
#
who | wc -l > hilf.dat
read anz1 < hilf.dat
cat /etc/passwd | wc -l > hilf.dat
read anz2 < hilf.dat
echo "Derzeit sind $anz1 von $anz2 Benutzern aktiv."
echo
#
rm hilf.dat
```

5.2 Für den Aufruf einer Kommandoprozedur wird Lese- und Ausführungsrecht benötigt.

5.3 Nein! Die Bourne-Shell kennt nur Stringvariablen.

5.4 Die Variable *a* enthält den String „17“ und *b* den String „ist eine Primzahl“.

5.5 *echo ' "7 * 7" ist "49" '*

5.6 Das *echo*-Kommando liefert: *Test $a $a Test.*

6.1 Die Shell sucht das Kommando *cat* in den Verzeichnissen, die als Wert der PATH-Variablen spezifiziert sind. Die Datei *a.b* wird im aktuellen Verzeichnis gesucht.

6.2 Der Systemverwalter hat / (Root) als Heimatverzeichnis.

6.3 Das Kommando ist zu cat a b äquivalent.

6.4 Nein. Die Shell speichert nur die PID des jeweils letzten Hintergrundrozesses (in der ?-Variable).

6.5 Ich bin xyz und habe 6 Argumente.
Das erste von ihnen ist a.

6.6 Nein. Das *set*-Kommando hat wegen der Entwertung (der Leerzeichen) nur ein einziges Argument. Dieses wird der Variablen 1 zugewiesen und *echo $1* schreibt Hans und Lisa auf die Standard-Ausgabedatei.

7.1 Ein Lösungsbeispiel:

```
# Shell-Script info                    schaffrath
#                               09/02
# Aufruf: --->$ info

echo "*****    S Y S T E M I N F O    *****"
echo
#
# Datum wie: Tue Sep 24 14:05:54 MET 2002
set `date`
echo "Heute ist $1, der $3. $2 $6."
echo
#
# Aktuelles Verzeichnis wie: /usr/schaffrath
verz=`pwd`
echo "Mein aktuelles Verzeichnis ist $verz."
echo
#
# Benutzername und Terminal wie:
# schaffrath tty03 Sep 24 08:02

set `who am i`
echo "Angemeldet bin ich als $1 am Terminal $2."
echo
#
# Benutzerzahlen
anz1=`who | wc -l`
anz2=`cat /etc/passwd | wc -l`
echo "Derzeit sind $anz1 von $anz2 Benutzern aktiv."
echo
```

7.2 Mit dem Punkt-Kommando wird verhindert, dass sich die Shell für die Abarbeitung einer Kommandoprozedur verdoppelt. Wertzuweisungen an Variablen in dieser Kommandoprozedur wirken dann in der aktuellen Shell.

7.3 Nein! Das Kommando cat */etc/passwd* gibt den Inhalt der Textdatei */etc/passwd* auf dem Terminal aus, und jedes NEWLINE-Zeichen wird als Zeilenumbruch interpretiert. Bei der angegebenen Befehlsfolge wird die Ausgabe von *cat /etc/passwd* Wert der Variablen *a*. Das heißt, *a* hat als Wert einen String, in dem Leer- und NEWLINE-Zeichen vorkommen. Wenn die Shell dann das Kommando *echo $a* liest, führt sie daran ihre fünf Aktionen durch. Nach der Variablen-Substitution wird auf Grund der IFS-Werte erneut eine Zerlegung in Token vorgenommen. Leer-, Tabulator- und NEWLINE-Zeichen sind voreingestellte IFS-Werte. Das heißt, dass *echo $a* die Datei */etc/passwd* wortweise ohne Zeilenumbruch ausgibt.

8.1 Ein Lösungsbeispiel:

```
# Shell-Script info                schaffrath
#                            09/02
# Aufruf: --->$ info [-l]

anz=$#                 # Zahl der Parameter
arg=$1                 # Erster Parameter

echo "*****    S Y S T E M I N F O     *****"
echo
#
# Datum wie: Tue 24  14:05:54 MET 2002
#
set `date`
echo  "Heute ist $1, der $3. $2 $6."
echo
#
# Ende der Kurzinformation. Wird ein ausführliches Info ver-
langt?
#
if [ $anz -eq 0 ];  then  exit 0;  fi
if [ "$arg" != "-l" ]
   then   echo  "Option falsch. Aufruf: --->$ info [-l]"
       exit 1
fi
<Fortsetzung auf der nächsten Seite>
```

```
<Fortsetzung des Scripts info>
#
# Es wird ein ausführliches Info verlangt!
#
# Aktuelles Verzeichnis wie: /usr/schaffrath
#
verz=`pwd`
echo "Mein aktuelles Verzeichnis ist $verz."
echo
#
# Benutzername und Terminal wie: schaffrath tty03 Sep24 08:02
#
set `who am i`
echo "Angemeldet bin ich als $1 am Terminal $2."
echo
#
# Benutzerzahlen
#
anz1=`who | wc -l`
anz2=`cat /etc/passwd | wc -l`
echo "Derzeit sind $anz1 von $anz2 Benutzern aktiv."
echo
```

8.2 Ein Lösungsbeispiel:

```
# Shell-Script erase                    schaffrath
#                              09.02
# Aufruf: --->$ erase [Directory]

if [ $# -gt 1 ]
   then   echo "Parameterfehler. Aufruf: --->$ erase [Dir]"
          exit 1
fi

if [ $# -eq 1  -a  -d $1 ]
   then   cd $1
   else   echo "Parameter ist kein Directory"
          echo "Aufruf: --->$ erase [Dir]"
          exit 2
fi
<Fortsetzung auf der nächsten Seite>
```

```
<Fortsetzung des Scripts erase>
#
# Das Ausgangsverzeichnis wird in $start registriert.
#
start=`pwd`

#
# Die Unterverzeichnisse werden rekursiv durchsucht.
# Dabei wird jeweils geprüft, ob das Ausgangsverzeichnis
# wieder erreicht worden ist. Falls nicht, wird geprüft, ob
# das aktuelle Verzeichnis leer ist (bis auf . und ..). Ist es
# leer, wird es gelöscht (rmdir). Ist es nicht leer, werden
# alle Dateien, die keine Verzeichnisse sind, gelöscht (rm).

#
while :
  do    dir=`pwd`
        set `ls -a`
        if [ $# -eq 2 ]
              then  if [ "$dir" = "$start" ]
                         then  echo "Ende"
                         exit 0
                    fi
                    cd ..
                    rmdir $dir
                    continue
        fi
        for i
              do    if [ "$i" = "." ]
                              then continue
                    fi
                    if [ "$i" = ".." ]
                              then continue
                    fi
                    if [ -d  $i ]
                              then  cd $i
                                    break
                    fi
                    rm $i
              done
  done
```

8.3 Die *if*-Konstruktion prüft den Rückgabewert des letzten Kommandos einer Kommandofolge und verzweigt entsprechend.

8.4 *test "String1" = "String2"*
["String1" = "String2"]

8.5 Die *for*-Schleife wird genau einmal durchlaufen. Durch die Entwertung der Leerzeichen ist "*1 2 3*" ein (einziges) Token.

8.6 Das Script muss mit *exit 7* verlassen werden (allgemeiner formuliert: es muss mit *exit Ausdruck* verlassen werden, wobei Ausdruck von der Shell zu 7 substituiert wird).

8.7 Die Äquivalenz von | zu *[]* ist nur bei einzeichigen Strings gegeben: a|A ist gleichwertig zu *[aA]*. Es gibt jedoch beispielsweise zu Adam|Eva kein Klammeräquivalent.

9.1 Ein Lösungsbeispiel:

Die Textdatei telefon.dat enthält in jeder Zeile einen Eintrag der Form Name:Telefonnummer. Dabei können Namen der Form „Familienname Vorname(n)“ mit Leerzeichen als Trenner auftreten. Es ist empfehlenswert, das Script *top-down* zu entwickeln und schrittweise zu verfeinern. Eine erste strukturell richtige Version könnte folgendermaßen aussehen:

```
# Shell-Script tf Version 1          schaffrath 08/02
# Telefonverzeichnis
#          Aufrufe: --->$    tf -p
#                            tf –s Suchmuster
#                            tf –e ' Name:Telefonnummer'
#                            tf –d Zeilennummer

case "$1" in

"-p" )  echo "Ausgabe mit Zeilennummern" ;;

"-s" )  echo "Suche nach Muster" ;;

 "-e" ) echo "Erweiterung der Datenbasis" ;;

 "-d" ) echo "Löschen einer Zeile" ;;

*     ) echo "Option $1 unbekannt"
        exit 1 ;;
esac
```

Bei der Programmentwicklung wird der Reihe nach jeder case-Zweig ausgefüllt. Dabei wird versucht, so weit wie möglich auf UNIX-Werkzeuge zurückzugreifen und so wenig wie möglich selbst zu programmieren. Programmieren ist fehleranfällig. Die Verwendung bewährter Werkzeuge reduziert die möglichen Fehlerquellen und beschleunigt die Programmentwicklung. Bei der ersten Verfeinerung der Version 1 werden die Tools *grep, tr* und *ed* (mit einem Here-Script) verwendet. In weiteren, hier nicht mehr ausgeführten Versionen könnte die Korrektheit der Aufrufparameter (die richtige Schreibweise des Aufrufs) geprüft und eine benutzerfreundlichere und optisch angenehmere Ablaufumgebung geschaffen werden.

```
# Shell-Script tf          Version 2          schaffrath 09/02
# Telefonverzeichnis
#          Aufrufe: --->$    tf -p
#                  tf –s Suchmuster
#                  tf –e ' Name:Telefonnummer'
#                  tf –d Zeilennummer

case "$1" in

"-p"  )      grep -n '.' telefon.dat | tr ':' ' ' ;;

"-s"  )      grep "$2" telefon.dat | tr ':' ' ' ;;

"-e"  )      grep "$2" telefon.dat > /dev/null
             if [ $? -eq 0 ]
                then echo "Eintrag bereits vorhanden"
                     exit 1
             fi
             echo "$2" >> telefon.dat
             echo "Telefonverzeichnis erweitert" ;;

"-d"  )      ed telefon.dat > /dev/null <<ENDE
             $2 d
             w
             q
ENDE
             echo "Zeile $2 gelöscht" ;;

*     )      echo "Option $1 unbekannt"
             exit 1 ;;
esac
```

9.2 Die *while*-Schleife prüft den Rückgabewert des zuletzt ausgeführten Kommandos. Ist dieses Kommando ein echo, dann ist dessen Rückgabewert in der Regel immer Null, also wahr. Damit ist eine Endlosschleife entstanden. Für die korrekte Arbeitsweise der angegebenen *while*-Schleife ist es substantiell, dass *read* das letzte Kommando der Schleife ist.

9.3 Ein Lösungsbeispiel als Here-Script:

```
ed Datei > /dev/null <<+++
3 s/x/u/g
w
q
+++
```

9.4 Das geht nicht, weil die Shell Hintergrundprozesse so vorbereitet, dass sie unter anderem den Terminalinterrupt ignorieren.

10.1 Ein Lösungsbeispiel:

Betroffen durch eine *awk*-Behandlung sind lediglich die Teile, die die Optionen *-p* und *-s* behandeln. Man beachte dabei die Entwertung des Zeilenendezeichens, um eine Fortsetzungszeile zu erhalten.

```
# Shell-Script tf        Version 3 mit awk       schaffrath 09/02
# Telefonverzeichnis
#          Aufrufe: --->$   tf -p
#                  tf -s Suchmuster
#                  tf –e ' Name:Telefonnummer'
#                  tf –d Zeilennummer

case "$1" in

"-p"  )     grep -n '.' telefon.dat | tr ':' ' ' | \
            awk '{printf "%3-s    %15-s    %15-s\n", $1,$2,$3 }'
            ;;

"-s"  )     grep "$2" telefon.dat | tr ':' ' ' | \
            awk '{printf "%15-s    %15-s\n", $1,$2 }'
            ;;

<Fortsetzung auf der nächsten Seite>
```

<Fortsetzung des Scripts tf (mit awk)>

```
"-e"   )      grep "$2" telefon.dat > /dev/null
              if [ $? -eq 0 ]
                  then  echo "Eintrag bereits vorhanden"
                        exit 1
              fi
              echo "$2" >> telefon.dat
              echo "Telefonverzeichnis erweitert" ;;

"-d"   )      ed telefon.dat > /dev/null <<ENDE
              $2 d
              w
              q
ENDE
              echo "Zeile $2 gelöscht" ;;

*   )         echo "Option $1 unbekannt"
              exit 1 ;;
esac
```

10.2 _grep '^[^:][^:]*::' /etc/passwd_

10.3 Ein Lösungsbeispiel:

In der Textdatei *a.txt* wird an das Ende jeder Zeile ein Punkt gesetzt. Dabei wird ausgenutzt, dass $0 die ganze Zeile, jedoch ohne das NEWLINE-Zeichen, bezeichnet, und dass das *print*-Kommando des awk seine Argumente zu einer einzigen Zeichenfolge zusammenfügt und diese mit einem abschließenden NEWLINE-Zeichen ausgibt.

awk '{print $0 "."}' a.txt > b.txt
mv b.txt a.txt

10.4 _^[^e][^e]*$_

10.5 *fgrep* muss keine Sonderzeichen in den Mustervergleich einbeziehen.

10.6 Mit awk werden unter anderem Texttransformationen, Datenvalidierungen und Datenreduktionen durchgeführt.

11.1 *cc first*
11.2 main() {

```
        system("who");
        system("date");
        system("grep ' schaffrath' /etc/passwd");
        }
```

11.3

```
/*  tf.c  */
main() {
        system("tf");
        }

cc  tf.c  -o tf.out       # Den Pfad zu tf.out mit x-Bits
                          # (durchqueren)
chmod  4755  tf.out       # freischalten
```

11.4 Dazu gibt es einen Maschinenbefehl, der oft als Supervisor Call bezeichnet wird. Vor seinem Start müssen bestimmte Rechenregister geeignet geladen werden.

11.5 Damit ein anderer Benutzer das Programm starten kann, benötigt er ein x-Bit. *chmod 6711* leistet dies. Das Programm läuft dann mit den Rechten des Besitzers und denen der Gruppe.

12.1 Der (eigene) Rechnername wird mit uname -n ermittelt. Angenommen, der Rechner heiße *sys12.* Dann kann mit *telnet sys12* eine TELNET-Sitzung (über das Netzwerk) zum eigenen Rechner betrieben werden. Analog ist eine FTP-Verbindung möglich.

12.2 Beim Zugriff auf eine Datei mit NFS sind NFS und Netzwerk unsichtbar. Der Benutzer braucht von ihrer Existenz nichts zu wissen. Beim FTP sind FTP (als Programmaufruf) und Netzwerk (als Rechnername) sichtbar.

13.1 Der Server wartet passiv darauf, dass er von einem Client (einem aktiven Partner) angesprochen wird.

13.2 Anwender und Server sind beim X-Window-System beide auf dem Rechner aktiv, der das Display kontrolliert. Der Anwender arbeitet über den X-Server mit einem (eventuell fernen) X-Client. Im Gegensatz dazu arbeitet beim FTP der Anwender über den (von ihm selbst gestarteten) FTP-Client mit dem (in der Regel fernen) FTP-Server.

14.1 Die Systemverwaltung ist unter anderem für Systemgenerierungen, Dateiverwaltung und -pflege sowie für die Benutzerverwaltung zuständig.

14.2 Ein Single-User-Betrieb ist beim Hochfahren eines Betriebssystems vorteilhaft, weil der Systemverwalter dann sicher sein kann, dass er alleiniger Benutzer ist.

14.3 *0,30 * * * 1 Script*

ASCII-Tabelle

Der American Standard Code for Information Interchange (ASCII) für die Darstellung von Zeichen verwendet lediglich die rechten sieben Bits eines Bytes. Das führende Bit ist in der Regel auf Null gesetzt und wird hier nicht weiter beachtet. Im Zusammenhang mit PC-Anwendungen ist ein erweiterter (8-Bit-) ASCII geschaffen worden, der unter anderem auch Grafiksymbole enthält. UNIX benutzt in der Regel den ursprünglichen 7-Bit-ASCII, wobei festzustellen ist, dass die 8-Bit-Erweiterung zunehmend Verbreitung findet. Bei UNIX-Systemen ist der Extended Binary Coded Decimal Interchange Code (EBCDIC), der von den IBM-Großrechnern stammt, sehr selten anzutreffen. Die folgende Tabelle gibt zu jedem ASCII-Zeichen den dezimalen, oktalen und hexadezimalen Wert an. Die ersten 32 Zeichen sind Steuerzeichen. Beispielsweise benutzt UNIX das Zeichen LF als Zeilenendezeichen. Bei MS-DOS wird dafür das Zeichenpaar CR und LF verwendet.

Dec	Oct	Hex	Char	Dec	Oct	Hex	Char
000	000	00	NUL	021	025	15	NAK
001	001	01	SOH	022	026	16	SYN
002	002	02	STX	023	027	17	ETB
003	003	03	ETX	024	030	18	CAN
004	004	04	EOT	025	031	19	EM
005	005	05	ENQ	026	032	1A	SUB
006	006	06	ACK	027	033	1B	ESC
007	007	07	BEL	028	034	1C	FS
008	010	08	BS	029	035	1D	GS
009	011	09	HT	030	036	1E	RS
010	012	0A	LF	031	037	1F	US
011	013	0B	VT	032	040	20	SPACE
012	014	0C	FF	033	041	21	!
013	015	0D	CR	034	042	22	"
014	016	0E	SO	035	043	23	#
015	017	0F	SI	036	044	24	$
016	020	10	DLE	037	045	25	%
017	021	11	DC1	038	046	26	&
018	022	12	DC2	039	047	27	'
019	023	13	DC3	040	050	28	(
020	024	14	DC4	041	051	29	)

Dec	Oct	Hex	Char	Dec	Oct	Hex	Char
042	052	2A	*	085	125	55	U
043	053	2B	+	086	126	56	V
044	054	2C	,	087	127	57	W
045	055	2D	-	088	130	58	X
046	056	2E	.	089	131	59	Y
047	057	2F	/	090	132	5A	Z
048	060	30	0	091	133	5B	[
049	061	31	1	092	134	5C	\
050	062	32	2	093	135	5D	]
051	063	33	3	094	136	5E	^
052	064	34	4	095	137	5F	_
053	065	35	5	096	140	60	`
054	066	36	6	097	141	61	a
055	067	37	7	098	142	62	b
056	070	38	8	099	143	63	c
057	071	39	9	100	144	64	d
058	072	3A	:	101	145	65	e
059	073	3B	;	102	146	66	f
060	074	3C	<	103	147	67	g
061	075	3D	=	104	150	68	h
062	076	3E	>	105	151	69	i
063	077	3F	?	106	152	6A	j
064	100	40	@	107	153	6B	k
065	101	41	A	108	154	6C	l
066	102	42	B	109	155	6D	m
067	103	43	C	110	156	6E	n
068	104	44	D	111	157	6F	o
069	105	45	E	112	160	70	p
070	106	46	F	113	161	71	q
071	107	47	G	114	162	72	r
072	110	48	H	115	163	73	s
073	111	49	I	116	164	74	t
074	112	4A	J	117	165	75	u
075	113	4B	K	118	166	76	v
076	114	4C	L	119	167	77	w
077	115	4D	M	120	170	78	x
078	116	4E	N	121	171	79	y
079	117	4F	O	122	172	7A	z
080	120	50	P	123	173	7B	{
081	121	51	Q	124	174	7C	|
082	122	52	R	125	175	7D	}
083	123	53	S	126	176	7E	~
084	124	54	T	127	177	7F	DEL

Abkürzungen

ASCII	American Standard Code for Information Interchange
AT&T	American Telephone and Telegraph
BCPL	Basic Combined Programming Language
BSD	Berkeley Software Distribution
CDE	Common Desktop Environment
CERT	Computer Emergency Response Team
CPU	Central Processing Unit
CSMA/CD	Carrier Sense, Multiple Access / Collision Detection
DEC	Digital Equipment Corporation
DFS	Distributed File System
DOS	Disk Operating System
DLL	Dynamic Link Library
EBCDIC	Extended Binary Coded Decimal Interchange Code
FIFO	First In First Out (Verwaltungsverfahren)
FSF	Free Software Foundation
FTP	File Transfer Protocol
GNU	rekursive Abkürzung von GNU´s Not UNIX
GPL	GNU General Public License
HP	Hewlett-Packard
IBM	International Business Machines
ICL	International Computers Limited
IEEE	Institute of Electrical and Electronic Engineers

KDE	K-Desktop-Environment
MET	Middle European Time
MIT	Massachusetts Institute of Technology
MS-DOS	Microsoft - Disk Operating System
MULTICS	Multiplexed Information and Computing Service
NCR	National Cash Register
NFS	Network File System
OS/2	Operating System / 2
OSF	Open Software Foundation
POSIX	Portable Operating System Environment
RFS	Remote File System
ROM	Read Only Memory
SMB	Server Message Block
SNI	Siemens-Nixdorf-Informationssysteme
SVID	UNIX System V Interface Definition
SVRx	UNIX System V Release x (von AT&T), z.B. SVR4
TCP/IP	Transmission Control Protocol / Internet Protocol
UI	UNIX International
USL	UNIX System Laboratories (AT&T)
UUCP	UNIX to UNIX Copy
X	X Window System
x.yBSD	UNIX der Berkeley Software Distribution Release x.y, z.B. 4.3BSD
XPG	X/OPEN Portability Guide

Literaturverzeichnis

[AHO97] Aho / Kernighan / Weinberger
The AWK Programming Language
Addison-Wesley 1988, 22. pr. 1997

[BAC90] Bach
The Design of the UNIX Operating System
Addison Wesley 1987, 15. pr. 1990
dt. Ausgabe:
Unix: wie funktioniert das Betriebssystem?
Hanser 1991

[BOU92] Bourne
Das UNIX System V
Addison-Wesley 1988, 2. Nachdr. 1992

[BRE92] Brecht
Verteilte Systeme unter UNIX
Vieweg 1992

[FER91] Ferbrache
A Pathology of Computer Viruses
Springer 1991

[FOU2000) Fountain / Ferguson
Motif Reference Manual:
For Motif 2.1 (The Definitive Guides to the X-Window System V.6B)
2nd edition
O´Reilly 2000

[FRI2002) Frisch
Essential System Administration
3rd edition
O´Reilly 2002
dt. Ausgabe 2. Aufl. übersetzt von Peter Klicman
O´Reilly 2002

[GUL95] Gulbins / Obermayr
UNIX
System V.4
Springer 1995

[HAB91] Hbermaier
UNIX in lokalen Netzen
Oldenbourg 1991

[HER99] Herold
Linux-Unix-Profitools
awk, sed, yacc und make
3. überarb. Auflage
Addison-Wesley 1998

[KEL2001] Kelley / Pohl
C by Dissection;
The Essentials of C Programming
4.edition
Addison-Wesley 2001

[KER86] Kernighan / Pike
Der UNIX-Werkzeugkasten;
Programmieren mit UNIX
Hanser 1986

[KER90] Kernighan / Ritchie
Programmieren in C,
Zweite Ausgabe
Hanser, Prentice-Hall 1990

[KOF2002] Kofler
Linux
Installation, Konfiguration, Anwendung
6.überarb. Auflage
Addison-Wesley 2002

[LAM99] Lamb / Robbins
Textbearbeitung mit dem vi Editor
O`Reilly 1999

[LEF92] Leffler / McKusick / Karels / Quaterman
The Design and Implementation of the 4.3BSD
UNIX Operating System
Addison-Wesley 8. pr. 1992

[MAN91] Mansfield
The X-Window-System: A User´s Guide
Addison-Wesley 1991

[NEM2001] Nemeth
Handbuch zur UNIX-Systemverwaltung
Markt-u.-Technik 2001

[OLC2001] Olczak
The Korn Shell
3rd edition
Addison-Wesley 2001

[QUE93] Quercia / O' Reilly
X Window System
User' s Guide for X11 R5
4.edition
O' Reilly & Associations, Inc. 1993

[ROB2001] Robbins
Effective awk Programming
3rd edition
O´Reilly 2001

[ROC88] Rochkind
UNIX-Programmierung für
Fortgeschrittene
Hanser, Prentice-Hall 1988

[SAN94] Santifaller
TCP/IP und ONC/NFS:
Internetworking in a UNIX Environment
2nd edition
Addison-Wesley 1994

[SOB98] Sobell
A Practical Guide to the UNIX System
The Benjamin/Cummings Publishing
Company 1998

[STA89] Staubach
UNIX-Werkzeuge zur Textmuster-verarbeitung
Awk, Lex und Yacc
Springer 1989

[STE2001] Stevens
The Protocols (TCP/IP Illustrated, Volume 1)
Addison Wesley 1994,19.pr. 2001

[WAIT87] The Waite Group (Eds.)
UNIX Papers for UNIX Developers and Power Users
Howard W. Sams & Company 1987

Index

A

B

R

S

vieweg